건설사고 재해율 저감을 위한 해외 선진사례 조사 및 분석 연구

국토안전관리원

요 약 문

1. 연구 주제

- ○ 국내·외 사례조사 및 분석을 통한 국토안전관리원 건설사고 조사체계 개선안 도출

2. 연구 목적 및 필요성

- ○ 건설사고 조사체계 개선을 통한 건설사고 저감 등 건설안전 관리의 연계성 강화
- ○ 해외 선진사례 및 국내 타기관 사고조사 실태 파악 및 적용을 통한 조사체계 개선 필요
- ○ 운영 및 관리, 조사 절차 및 방법, 조사자 교육 등 사고 조사체계 사각지대 개선안 마련

3. 연구 내용 및 범위

- ○ 현행 건설사고 조사체계 분석
- ○ 해외 선진 건설사고 조사체계 실태 파악 및 사례 조사
- ○ 국내 타 분야·기관 사고 조사체계 실태 파악 및 사례 조사
- ○ 건설사고 원인분류, 정보수집 및 절차, 사고조사 교육 등 건설사고 조사체계(안) 마련

4. 연구 방법

- ○ 건설사고 조사체계 현황 분석
  - 조직 및 인력, 조사 및 대응절차, 사고원인 분류체계 등 분석
  - 건설사고 정보 수집, 정보 분석 및 환류 체계 등 분석
- ○ 해외 사고조사 사례 조사 및 분석
  - 영국, 일본, 싱가포르 3개국 사고조사 체계 분석
  - 정책, 제도(법, 규정 등), 조직, 교육, 환류, 시스템 등 분석 및 시사점 도출
- ○ 국내 타 분야·기관 사고조사 사례 조사·분석 및 시사점 도출
  - 한국승강기안전공단, 항공철도사고조사위원회, 재난원인조사 등
- ○ 건설사고 조사체계(안) 마련
  - 건설사고 원인분류체계 개선방안

- 건설사고 정보 수집 및 절차 개선방안

- 건설사고 정보 분석 및 환류체계(안)

- 건설사고 조사 교육체계(안)

- 건설사고 조사 운영체계 개선(안)

- 건설사고 조사 관련 법·제도 개선방안

5. 연구기간

○ 2022. 1. 1. ~ 2022. 12. 31.

6. 연구 성과 및 결과

○ 건설사고 원인분류체계 개선방안 마련

- 대분류/중분류/소분류 수정, 세부내용 명확화 등 사고원인 분류 체계 개선

○ 건설사고 정보수집 및 절차 개선방안 마련

- (국토안전관리원) 사고정보 신뢰성 제고를 위한 고용형태, 안전점검 실적 등 전문정보 입력

- (발주처/인·허가기관) 사고신고, 사고경위, 공사개요에 대한 수집정보 간소화

- 건설현장 특성을 고려한 초기현장조사 체크리스트(안), 보고서(안) 제시

- 건설사고 통계 기반 인적사고 및 조직운영 수준에 따른 건설사고 수준별 조사(안) 제시

○ 건설사고 정보 분석 및 환류체계(안) 마련

- 수요자(발주청, 건설사, 사고조사자, 대국민 등) 맞춤형 정보 제공(안) 제시

- 사고사례집, 리포트, 브로슈어 등 건설사고 정보 제공(안) 제시

○ 건설사고 조사 교육체계(안) 마련

- 건설사고 조사자 교육 프로그램(안) 제시

- 건설사고 중견조사자 교육 프로그램(안) 제시

○ 건설사고 조사 운영체계 개선(안) 마련

- 건설사고 조사 내실화를 위한 사고조사실 확대 개편(안) 제시

○ 법·제도 개선방안 마련

- 건설기술진흥법 상 국토안전관리원의 사고조사 전문기관 법적 개선방안 제시

<목 차>

제1장 연구의 개요 ·· 3
  1.1 연구 배경 및 필요성 ·· 3
  1.2 연구 목표 및 내용 ··· 3
    1.2.1 연구 목표 ·· 3
    1.2.2 연구 내용 ·· 3
  1.3 연구 수행 절차 ·· 4

제2장 건설사고 조사체계 현황분석 ·· 7
  2.1 건설사고 조사 절차 및 분석/교육체계 현황 ·· 7
    2.1.1 건설사고 조사 및 대응 절차 ··· 7
    2.1.2 건설사고 원인분류체계 ··· 9
    2.1.3 건설사고 정보수집 ·· 15
    2.1.4 건설사고 정보 분석 및 환류체계 ·· 24
  2.2 건설사고 조사 운영체계 현황 ·· 30
    2.2.1 건설사고 조사 조직 및 인력 ··· 30

제3장 해외사례 및 시사점 ··· 33
  3.1 영국 건설사고 조사체계 현황 ·· 34
    3.1.1 건설사고 조사 운영체계 ··· 34
    3.1.2 건설사고 조사 분석 체계 ·· 38
  3.2 일본 건설사고 조사체계 현황 ·· 50
    3.2.1 건설사고 조사 운영체계 ··· 50
    3.2.2 건설사고 조사 분석체계 ··· 52
  3.3 싱가포르 건설사고 조사체계 현황 ··· 64
    3.3.1 건설사고 조사 운영체계 ··· 64
    3.3.2 건설사고 조사 분석체계 ··· 65
  3.4 해외사례 시사점 ··· 67

제4장 타기관 사례 및 시사점 ·· 71
  4.1 승강기 사례 조사·분석 ··· 71
    4.1.1 사고조사 조직 및 인력 ·· 71
    4.1.2 사고조사 및 대응 절차 ·· 73

    4.1.3 사고 원인분류체계 ··· 75
    4.1.4 사고정보 수집 및 검증 ··· 76
    4.1.5 사고 정보 분석 및 환류체계 ··· 81
    4.1.6 사고조사자 교육체계 ··· 82
  4.2 항공 사례 조사·분석 ·· 83
    4.2.1 사고조사 조직 및 인력 ··· 83
    4.2.2 사고조사 및 대응 절차 ··· 84
    4.2.3 사고 원인분류체계 ··· 88
    4.2.4 사고정보 수집 및 검증 ··· 91
    4.2.5 사고조사자 교육체계 ··· 92
  4.3 기타 사례 조사·분석 ·· 93
    4.3.1 재난원인 조사인력 교육 및 훈련체계 ····························· 93
  4.4 타기관 사례 시사점 ·· 95

제5장 건설사고 조사체계(안) 마련 ··· 101
  5.1 건설사고 원인분류체계 개선방안 ··· 102
    5.1.1 (대분류) 설계오류/시공오류 분류 ··································· 102
    5.1.2 (대분류), (중분류) 및 (소분류) 일부 보완 ··················· 110
  5.2 건설사고 정보수집 및 절차 개선방안 ······································· 112
    5.2.1 건설사고 정보수집 개선(안) ··· 112
    5.2.2 초기현장조사 정보수집 개선(안) ····································· 115
    5.2.3 건설사고 수준별 조사(안) ··· 129
  5.3 건설사고 정보 분석 및 환류체계(안) ·· 137
    5.3.1 수요자 맞춤형 정보제공 ··· 138
    5.3.2 다양한 정보 제공수단 마련 ··· 139
  5.4 건설사고 조사 교육체계(안) ·· 141
    5.4.1 건설사고 조사자 교육 프로그램(안) ······························ 142
    5.4.2 건설사고 중견조사자 교육 프로그램(안) ······················ 143
  5.5 건설사고 조사 운영체계 개선(안) ··· 144
    5.5.1 사고조사실 확대 개편(안) ··· 145
  5.6 법·제도 개선방안 ·· 146
  5.7 제언사항 ·· 150

참고문헌 ·· 151

부록 ·· 153

<표 차례>

표 2.1 사고유형별 분류 현황 ·· 9

표 2.2 시설물 종류별 분류 현황 ·· 10

표 2.3 사고공종별 분류 현황 ·· 11

표 2.4 사고객체별 분류 현황 ·· 12

표 2.5 작업프로세스별 분류 현황 ·· 13

표 2.6 사고원인별 분류 현황 ·· 14

표 2.7 건설사고 접수 정보 항목 현황 ·· 15

표 2.8 위험요소 위험성 평가의 발생빈도와 사고심각성 ······················· 29

표 3.1 RIDDOR 제도에 따른 의무적 신고 대상 사고의 유형 ············· 41

표 3.2 영국의 사고조사 절차 단계별 내용 ··· 43

표 3.3 영국의 사고조사 절차 단계별 질문항목 ······································· 44

표 3.4 사건·사고의 유형 분류 ··· 45

표 3.5 사고 조사수준 결정을 위한 위험도 매트릭스 ···························· 46

표 3.6 사고 수준별 조사수준 ··· 46

표 3.7 건설사고의 원인조사를 위한 주요 항목 ······································· 49

표 3.8 일본 건설공사의 사고 분류 ··· 52

표 3.9 일본 사고보고서별 작성자 및 작성 절차 ····································· 53

표 3.10 일본 건설사고 분류체계 ··· 57

표 3.11 싱가포르 사고 조사과정 ··· 66

표 3.12 해외 건설사고 조사체계 현황 총괄표(영국, 일본, 싱가포르) ··········· 68

표 4.1 승강기 사고 처리 절차도(승강기 사고조사 규정) ····················· 74

표 4.2 승강기 사고 원인별 분류기준 ··· 75

표 4.3 승강기 사고 피해 정도별/피해자 구분별/피해자 연령별 분류기준 ·············· 76
표 4.4 승강기 사고(고장) 신고서(승강기 사고조사 규정) ································ 77
표 4.5 사고조사반 활동계획서(승강기 사고조사 규정) ····································· 78
표 4.6 승강기 사고 조사결과(승강기 사고조사 규정) ······································· 79
표 4.7 사고조사관 교육훈련프로그램(승강기 사고조사 및 승강기사고조사위원회 운영규정) ······· 82
표 4.8 항공사고조사절차 ··· 86
표 4.9 항공 사고조사자 교육 현황(공군 항공안전단) ·· 92
표 4.10 재난원인 조사인력 교육 현황 ·· 94
표 5.1 사고원인 분류체계 : (대분류) 설계오류/시공오류 분류 ··························· 103
표 5.2 사고원인 분류체계 : (대분류) 설계오류/시공오류 세부 분류 ·················· 105
표 5.3 사고원인 분류체계 : (대분류), (중분류) 및 (소분류) 일부 보완 ············· 111
표 5.4 건설사고 접수 정보항목 개선 1안 ··· 113
표 5.5 건설사고 접수 정보항목 개선 2안 ··· 114
표 5.6 2안 : 건설사고 초기현장조사 체크리스트 표준안 ································ 123
표 5.7 2안 : 건설사고 초기현장조사 체크리스트 표준안(붙임) ······················· 124
표 5.8 2021년 건설사고 현황(CSI 등록 기준) ·· 130
표 5.9 2021년 건설사고 사망자 도수분포표 ·· 130
표 5.10 2021년 건설사고 부상자 도수분포표 ·· 131
표 5.11 중대재해 적용대상 ··· 131
표 5.12 「건설·지하·시설물 사고대응 업무수행 지침('21.08.26)」의 초기현장조사 기준 ······ 131
표 5.13 「건설기술진흥법」의 중대건설현장사고 범위 ······································ 132
표 5.14 건설사고 수준(단계)별 정의 ··· 132
표 5.15 건설사고 수준(단계)별 조사(1안) ··· 134
표 5.16 건설사고 수준(단계)별 조사(2안) ··· 135
표 5.17 수요자 맞춤형 정보 제공(안) ··· 138
표 5.18 건설사고 정보 제공체계(안) ··· 140

표 5.19 건설사고 조사자 교육 프로그램(안) ·· 142

표 5.20 건설사고 중견조사자 교육 프로그램(안) ·· 143

표 5.21 '건설안전특별법안'의 국토안전관리원 법적 근거 현황 ··················· 147

표 5.22 「산업안전보건법」의 산업안전보건공단 소속 직원 검사 및 지도관련 법률 현황 ····· 148

표 5.23 국토안전관리원의 사고조사 전문기관 근거 마련을 위한 「건설기술진흥법」 개선방안 ··· 149

<그림 차례>

그림 1.1 연구수행 절차 ·· 4

그림 2.1 건설사고 모니터링 및 조사 절차 ·· 8

그림 2.2 초기현장조사 체크리스트(건축분야) ·· 16

그림 2.3 초기현장조사 체크리스트(토목분야) ·· 17

그림 2.4 초기현장조사 체크리스트(공통) ·· 18

그림 2.5 초기현장조사 보고서 예시 ·· 19

그림 2.6 자체 사고조사 보고서 예시 ·· 21

그림 2.7 건설 사고조사 보고서 예시 ·· 23

그림 2.8 CSI 사고사례 검색 및 결과 화면 ·· 24

그림 2.9 CSI 개별 사고사례 상세결과 ·· 25

그림 2.10 건설사고정보R 현황 ·· 26

그림 2.11 위험요소 프로파일 구성 예시 ·· 27

그림 2.12 건설공사 생애주기별 위험요소 프로파일 활용 ·· 28

그림 2.13 위험요소 프로파일 순위 상세현황 ·· 29

그림 2.14 국토안전관리원 조직도상 사고조사실 현황(2022년 10월 기준) ················ 30

그림 3.1 영국 보건안전청(HSE) 웹사이트 메인화면 ··· 35

그림 3.2 RIDDOR에 신고된 사고 통계정보 사례(엑셀(Excel)형태) ··························· 36

그림 3.3 영국의 공공데이터 포털(https://data.gov.uk/) ·· 37

그림 3.4 영국의 사고조사 체계 ··· 38

그림 3.5 HSE 사고조사 작성양식 ·· 39

그림 3.6 RIDDOR 사고신고에 사용되는 양식 사례 ·· 42

그림 3.7 영국 건설사고 원인의 3가지 층위 ·· 48

그림 3.8 일본의 건설사고 발생추이 ·· 50
그림 3.9 건설공사사고데이터베이스(SAS) 홈페이지 ······················ 51
그림 3.10 일본 사고보고서 작성 및 제출 절차 ······························ 54
그림 3.11 일본 발주자용 사고보고서 입력양식 ······························ 55
그림 3.12 일본 청부자용 사고보고서 입력양식 ······························ 56
그림 3.13 후생노동성의 노동재해통계추정치 공개사이트 홈페이지 ······· 61
그림 3.14 일본 SAS에서 제공하는 통계정보 ··································· 62
그림 4.1 한국승강기안전공단 조직도(2022년 11월 기준) ············· 72
그림 4.2 승강기 사고 조사 결과 예시 ··· 80
그림 4.3 국가승강기안전공단 승강기 사고 총괄현황 화면 ··········· 81
그림 4.4 국가승강기정보센터 승강기 사고현황 통계정보 화면 ··· 81
그림 4.5 항공철도사고조사위원회 조직도 ······································· 83
그림 4.6 항공사고조사 진행단계 ··· 85
그림 4.7 발생유형 관련 표준분류(항공안전데이터 처리 및 활용에 관한 규정 별표4) ···· 88
그림 4.8 위해요인 표준분류(항공안전데이터 처리 및 활용에 관한 규정 별표8) ············ 89
그림 4.9 이벤트에 대한 발생원인, 기여요인 등에 대한 분류(항공안전데이터 처리 및 활용에 관한 규정 별표9) ····· 90
그림 4.10 항공기 사고 조사보고서 예시(OOO 항공기사고, 2020) ··············· 91
그림 5.1 건설사고 조사체계(안) 마련 절차 ································· 101
그림 5.2 건설사고 원인분류체계 개선방안 모식도 ····················· 102
그림 5.3 건설사고 정보수집 개선방안 모식도 ····························· 112
그림 5.4 초기현장조사 체크리스트 개선방안 모식도 ················· 115
그림 5.5 1안 : 건설현장 특성을 고려한 초기현장조사 체크리스트-건축현장 ······ 116
그림 5.6 1안 : 건설현장 특성을 고려한 초기현장조사 체크리스트-건축현장(붙임) ······ 117
그림 5.7 1안 : 건설현장 특성을 고려한 초기현장조사 체크리스트-토목 현장 ············ 118
그림 5.8 1안 : 건설현장 특성을 고려한 초기현장조사 체크리스트-산업환경설비 현장 ··· 119
그림 5.9 1안 : 건설현장 특성을 고려한 초기현장조사 체크리스트-조경 현장 ············ 120

그림 5.10 1안 : 건설현장 특성을 고려한 초기현장조사 체크리스트-토목 현장(붙임) ····· 121

그림 5.11 1안 : 건설현장 특성을 고려한 초기현장조사 체크리스트-산업환경설비 현장, 조경 현장(붙임) ····· 121

그림 5.12 초기현장조사 보고서 개선안 ·· 126

그림 5.13 건설사고 수준별 조사방안 마련 절차 ··· 129

그림 5.14 건설사고 수준별 조사(안) 모식도 ·· 133

그림 5.15 건설사고 수준(단계)별 조사절차 개선(안) ······································· 136

그림 5.16 건설사고 정보 분석 및 환류체계(안) 모식도 ································· 137

그림 5.17 건설사고 정보의 건설현장 단계별 안전활동 환류체계(안) ········· 139

그림 5.18 건설사고 조사 교육체계(안) 모식도 ·· 141

그림 5.19 건설사고 조사 운영체계 개선(안) 모식도 ······································· 144

그림 5.20 사고조사실 확대 개편(안) ··· 145

그림 5.21 법·제도 개선방안 모식도 ··· 146

제 1 장

연구의 개요

1.1 연구 배경 및 필요성

1.2 연구 목표 및 내용

1.3 연구 수행 절차

제1장 연구의 개요

1.1 연구 배경 및 필요성

건설사고 발생 시 신속한 원인조사 및 재발방지계획 수립을 위해 국내·외 사례조사 및 분석을 통한 국토안전관리원의 건설사고 조사체계 구축과 시스템화를 통한 건설안전 관리 연계성을 강화함으로써 건설사고 저감을 위한 노력이 필요하다.

1.2 연구 목표 및 내용

1.2.1 연구 목표

본 연구는 해외 선진사례 및 국내 사고 조사체계 실태파악 및 적용을 통한 건설사고 발생 시 운영, 분석, 감정(검증), 재발방지 등을 아우르는 조사체계를 수립하고, 국내·외 사고조사 관련 체계(운영 및 관리, 조사 절차 및 기법, 조사자 교육 등) 등에 대한 비교분석 및 적용을 통해 건설사고 조사체계(안)을 마련을 연구 목표로 하였다.

1.2.2 연구 내용

가. 과업 기간

2022년 1월 1일 ~ 2022년 12월 31일

나. 연구 내용

1) 해외 건설사고 조사체계 실태파악 및 사례조사

- 해외 건설사고 조사체계(조직, 인력, 절차, 장비, 교육 등) 실태파악 및 사례조사
- 해외 선진사례 도입을 위한 우리나라 정책·제도 환경 분석 및 현실화 방안 검토

2) 국내 타 분야·기관의 사고조사체계 실태파악 및 사례조사

- 사고조사 및 대응 체계 관련 선행연구 조사 및 검토

- 타 분야·기관의 사고조사 조직 및 운영 등 체계 실태파악 및 분석
- 국내·외 사고조사체계 비교·분석을 통한 보완사항 도출

3) 건설사고 조사체계(안) 마련
- 건설사고 원인분류체계, 정보수집 및 절차 개선안 마련
- 건설사고 정보 분석 및 환류체계 개선안 마련
- 건설사고 조사 운영 및 교육체계 개선안 마련

1.3 연구 수행 절차

본 연구는 건설사고 조사체계의 현황에 대해 우선 분석하여 조직 및 인력, 조사 및 대응절차, 원인분류체계, 정보수집체계, 정보분석 및 환류체계 등의 실태 파악하며 영국, 일본, 싱가포르 등 해외사례와 승강기, 항공기 기타 국내 타분야(기관)의 사례를 조사하여 시사점을 도출하고 이를 토대로 건설사고 조사체계(안)을 마련하였다.

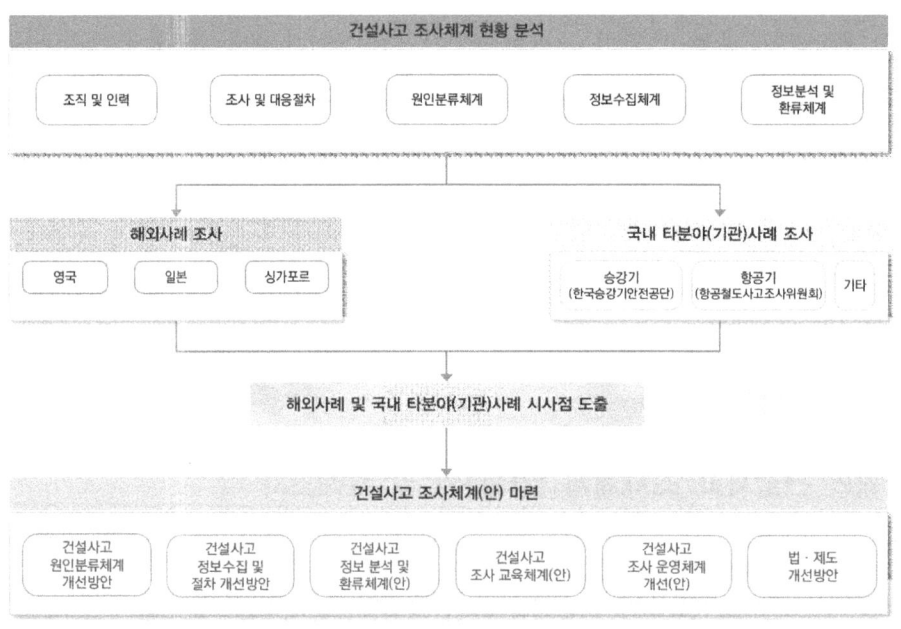

그림 1.1 연구수행 절차

제 2 장

건설사고 조사체계 현황분석

2.1 건설사고 조사 절차 및 분석/교육체계 현황

2.2 건설사고 조사 운영체계 현황

제2장 건설사고 조사체계 현황분석

본 장에서는 건설사고에 대한 조사 및 대응절차, 원인분류체계 정보수집체계, 정보 분석 및 환류체계, 조직 및 인력 등 전반적인 현황을 분석하고 한계점을 제시하고자 한다.

먼저, 사고신고 시스템, 초기현장조사, 자체사고조사위원회, 건설사고조사위원회 등의 건설사고 조사 및 대응 절차에 대해 조사하였다. 다음으로 건설사고 원인분류체계는 건설사고 원인에 대한 전반적인 분류체계를 조사하고, 건설사고 정보수집체계는 건설공사안전관리 종합정보망(Construction Safety Management Intergrated Information, CSI)에 접수되는 접수항목, 초기현장조사를 통한 정보수집 현황 등에 대하여 조사하였다. 또한, 건설사고 통계분석, 사고사례, 재발방지대책 등 건설사고 정보 분석 및 환류체계에 대해 조사하였으며, 건설사고 조사 관련 교육체계는 현재 현장점검 및 사고조사 등에 관련한 교육체계가 부재한 것으로 파악되었다.

2.1 건설사고 조사 절차 및 분석/교육체계 현황

건설사고 조사 및 대응에 대한 총괄적인 현황과 원인분류 현황, 건설사고 정보 수집 현황, 정보 분석 및 환류체계 등 전반적인 현황에 대해 조사하였다.

2.1.1 건설사고 조사 및 대응 절차

「건설기술 진흥법 시행령」제4조의2에 따른 건설사고,「지하안전관리에 관한 특별법 시행령」제36조제1항에 따른 지하사고,「시설물의 안전 및 유지관리에 관한 특별법」제7조에 따른 시설물사고, 언론매체 등으로 사회적 이슈가 되는 사고, 지진, 태풍, 호우 등 재난에 의한 건설·지하·시설물 사고 등의 사고에 대해서 조사가 이루어지고 있다.

국토안전관리원은 건설사고 발생시 표준화된 사고 모니터링 및 조사 절차를 다음 <그림 2.1>과 같이 제시하고 있다. 절차는 주체별 대응이 구분되며, 사고 발생시 국토안전관리원의 재난상황실에서 시스템과 언론보도 등을 통해 사고 모니터링 및 전파, 사고 경위 확인 실시, 초기현장조사 결과 검토를 수행한다. 사고 발생 지역 인근 지사의 전문조사자 2인은 초기현장조사를 실시하고, 건설공사 참여자는 건설공사 안전관리 종합정보망(CSI)을 활용하여 건설사고에 대해 신고한다.

건설공사 참여자의 건설사고 신고 정보와 지사 비상대기자의 초기현장조사 보고서를 토대로 사고조사실은 자체 사고조사위원회(KALIS) 또는 건설·중앙지하·중앙시설물 사고조사위원회 구성 및 운영에 대한 여부를 결정한다. 건설사고 조사에 대한 일련의 과정이 끝나면 사고조사실에서는 사고 통계관리와 향후 사고재발방지를 위한 위험요소프로파일 발굴, 사고사례집 발간 등의 사고 저감을 위한 활동을 하고 있다.

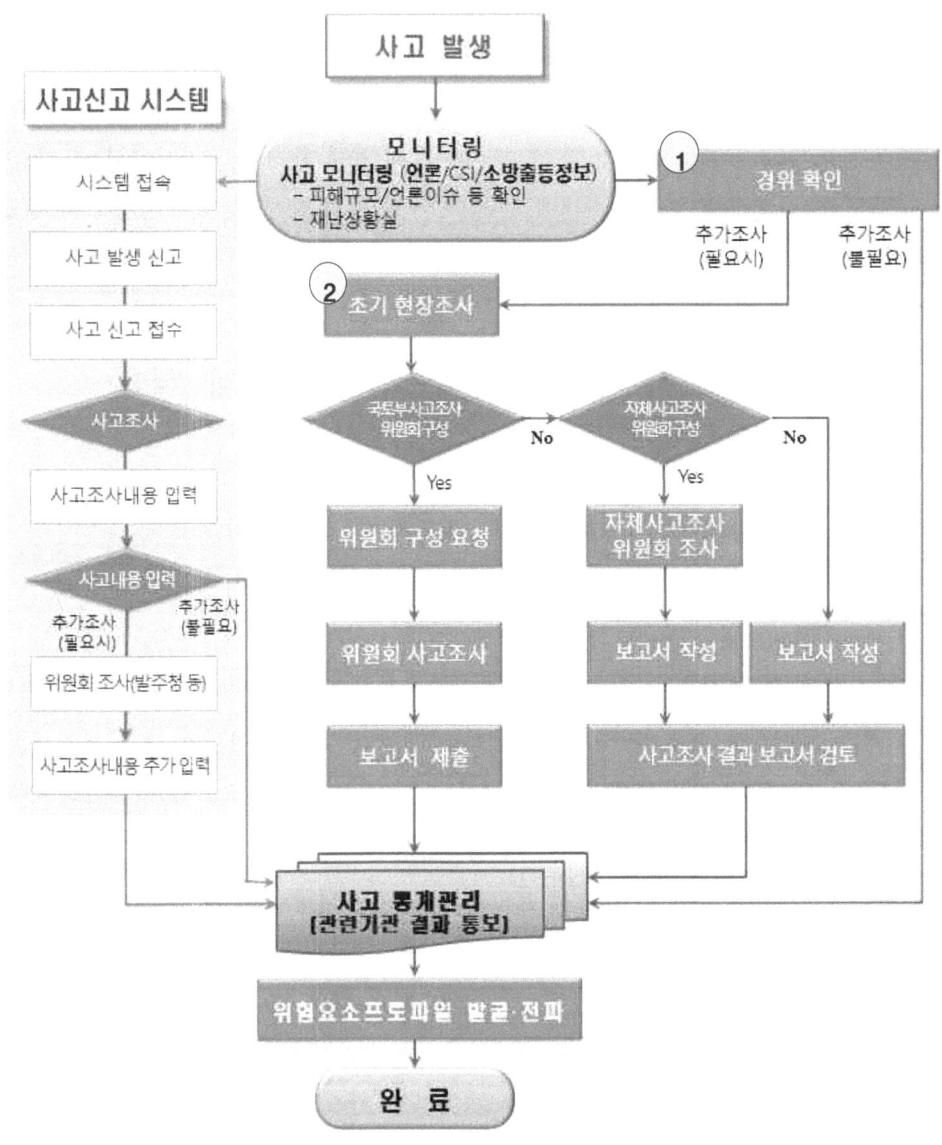

그림 2.1 건설사고 모니터링 및 조사 절차

2.1.2 건설사고 원인분류체계

초기현장조사, 자체 사고조사위원회 조사 등의 사고조사와 CSI를 통해 접수되는 정보 중 건설사고 원인에 대한 정보를 분류체계에 따라 분류한다. 원인분류체계는 사고유형별 분류, 시설물 종류별 분류, 사고공종별 분류, 사고객체별 분류, 작업프로세스별 분류, 사고원인별 분류 등으로 구분된다.

가. 사고유형별 분류

사고유형에 따라 인적사고, 물적사고로 분류되며, 다음 <표 2.1>과 같다. 인적사고 유형은 떨어짐, 넘어짐, 물체에 맞음, 깔림, 끼임, 절단, 베임, 감전, 찔림, 질식, 화상, 부딪힘, 교통사고, 질병, 분류불능, 기타 등 대분류로 구분된다. 물적사고 유형은 붕괴, 전도, 낙하, 충돌, 화재, 폭발, 탈락, 파열, 파단, 기타로 구분된다.

표 2.1 사고유형별 분류 현황

구 분	대분류	중분류	안전방호 조치여부	개인보호 조치여부
인 적	떨어짐	2미터 미만, 2미터 이상 ~ 3미터 미만 3미터 이상 ~ 5미터 미만, 5미터 이상 ~ 10미터 미만, 10미터 이상, 분류 불능	조치 비조치 해당없음	조치 비조치 해당없음
	넘어짐	미끄러짐, 물체에 걸림, 기타		
	물체에 맞음, 깔림, 끼임, 절단, 베임, 감전, 찔림, 질식, 화상, 부딪힘	-		
	교통사고, 질병, 분류불능, 기타	-	-	-
물 적	붕괴, 전도, 낙하, 충돌, 화재, 폭발, 탈락, 파열, 파단, 기타	-	-	-

나. 시설물 종류별 분류

시설물의 종류에 따른 분류는 건축, 토목, 산업환경설비, 조경 등 대분류에 따라 구분되며, 다음 <표 2.2>와 같다. 건축의 중분류는 건축물이며, 단독주택, 공동주택, 근린생활시설, 문화 및 집회시설 등 총 26개로 구분된다. 토목의 중분류는 도로, 교량, 터널, 철도, 항만, 댐, 하천, 상하수도, 옹벽 및 절토사면, 공동구, 기타 등 11개로 구분되고 중분류별 최소 1~8개까지 소분류로 분류된다.

산업환경설비의 중분류는 산업생산시설, 환경시설, 발전시설로 구분되고 산업생산시설은 제철공장, 석유화학공장의 손부류로 분류된다. 환경시설은 소각장, 수처리설비시설, 환경오염방지시설, 하수처리시설, 공공폐수처리시설, 중수도/하폐수처리수 재이용시설의 소분류로 분류된다. 조경의 중분류는 수목원, 공원, 숲, 생태공원, 정원, 기타로 구분된다.

표 2.2 시설물 종류별 분류 현황

대분류	중분류	소분류
건축(1)	건축물(26)	- 단독주택, 공동주택, 근린생활시설, 문화 및 집회시설, 종교시설, 판매시설, 운수시설, 의료시설, 교육연구시설, 노유자시설, 수련시설, 운동시설, 업무시설, 숙박시설, 위락시설, 공장, 창고시설, 위험물 저장 및 처리시설, 자동차 관련시설, 동물 및 식물 관련시설, 교정 및 군사시설, 방송통신시설, 묘지관련시설, 관광 휴게시설, 장례시설, 야영장시설, 지하도상가, 기타
토목(11)	도로(2)	- 도로, 기타
	교량(4)	- 도로교량, 철도교량, 복개구조물, 기타
	터널(4)	- 도로터널, 철도터널, 지하차도, 기타
	철도(4)	- 일반 및 고속철도, 지하철, 기타
	항만(6)	- 갑문, 방파제, 파제제, 호안, 계류시설, 기타
	댐(5)	- 다목적댐, 발전용댐, 홍수전용댐, 용수전용댐, 기타
	하천(8)	- 하구둑, 방조제, 수문/통문, 제방(통관/호안), 보, 배수펌프장, 관개수로, 기타
	상하수도(3)	- 상수도, 하수도, 기타
	옹벽 및 절토사면(3)	- 옹벽, 절토사면, 기타
	공동구(1)	- 공동구
	기타(2)	- 부지조성, 간척매립
산업환경설비(3)	산업생산시설(2)	- 제철공장, 석유화학공장
	환경시설(6)	- 소각장, 수처리설비시설, 환경오염방지시설, 하수처리시설, 공공폐수처리시설, 중수도/하폐수처리수 재이용시설
	발전시설(1)	- 발전시설
조경(6)	수목원(1)	- 수목원
	공원(1)	- 공원
	숲(1)	- 숲
	생태공원(1)	- 생태공원
	정원(1)	- 정원
	기타(1)	- 기타

다. 사고공종별 분류

사고공종별 분류는 대분류로 토목, 건축, 기계설비, 전기설비, 통신설비, 산업설비, 기타로 구분되며, 다음 <표 2.3>과 같다. 토목은 가설공사, 지반조사, 해체 및 철거공사, 지반 개량공사, 토공사 등 총 18개의 중분류로 구분되며, 건축은 가설공사, 지반조사, 해체 및 철거공사, 건축 토공사 등 총 22개의 중분류로 구분된다. 기계설비, 전기설비, 통신설비, 산업설비는 가설공사, 지반조사, 해체 및 철거공사, 기계설비공사, 기타로 동일하게 구분되며, 이 밖의 공종은 기타로 구분된다.

표 2.3 사고공종별 분류 현황

대분류	중분류
토목(18)	가설공사, 지반조사, 해체 및 철거공사, 지반개량공사, 토공사, 말뚝공사, 철근콘크리트공사, 프리캐스트 콘크리트공사, 관공사, 부대공사, 강구조물공사, 교량공사, 도로 및 포장공사, 철도 및 궤도공사, 터널공사, 하천공사, 항만공사, 댐 및 제방공사
건축(22)	가설공사, 지반조사, 해체 및 철거공사, 건축 토공사, 지정공사, 철근콘크리트공사, 철골공사, 조적공사, 미장공사, 방수공사, 목공사, 금속공사, 지붕 및 홈통공사, 창호 및 유리공사, 타일 및 돌공사, 도장공사, 수장공사, 특수 건축물공사, 건축물 부대공사, 조경공사
기계설비(5)	가설공사, 지반조사, 해체 및 철거공사, 기계설비공사, 기타
전기설비(5)	
통신설비(5)	
산업설비(5)	
기타(1)	- 기타

라. 사고객체별 분류

사고객체별 대분류는 가시설, 건설공구, 건설기계, 건설자재, 토사 및 암반, 시설물, 부재, 기타 드응로 구분되며, 다음 <표 2.4>와 같다. 가시설은 거푸집, 흙막이가시설, 비계, 강관, 동바리, 시스템동바리, 작업발판, 낙하물방지망, RCS발판, 가물막이, 가설도로, 띠장, 방호선반, 버팀대, 버팀보, 복공판, 엄지말뚝, 지주가설재, 지지대, 지하벽체, 케이슨, 스트러트, 안전시설물 등 총 35개로 구분된다.

건설공구는 사다리, 몰탈혼합기, 공구류로 구분되며, 건설기계는 어스오거, 불도저, 굴착기, 로더, 지게차, 스크레이퍼, 덤프트럭, 기중기(이동식크레인 등), 모터그레이더, 롤러, 노상안정기, 콘크리트뱃칭플랜트, 콘크르티피니셔, 콘크리트살포기, 콘크리트믹서트럭, 콘크리트펌프, 아스팔트믹싱플랜드, 아스팔트피니셔, 아스팔트살포기 등 총 39개로 구분된다.

건설자재는 철근, 데크플레이트, 선라이트, 창호, 천정패널, 철말, 체인블럭 등 총 15개로 구분되고 토사 및 암반은 굴착사면, 터널 천단부, 터널 막장면, 경사면, 벽돌 등 총 10개로 구분된다. 시설물은 옹벽, 건물, 석축, 담장, 보강토 옹벽, 위험물저장탱크 등 총 10개로 구분되며, 부재는 슬래브, 철골부재, 거더, 조적벽체, PSC빔, 교량 바닥판, 기성말뚝 등 총 16개로 구분된다. 그 밖의 기타는 지하매설물, 차량, 전주, 전선, 비산물, 건설폐기물, 유증기, 작업대차 등 총 9개로 구분된다.

표 2.4 사고객체별 분류 현황

대분류	중분류
가시설(35)	- 거푸집, 흙막이가시설, 비계, 강관, 동바리, 시스템동바리, 작업발판, 낙하물방지망, RCS발판, 가물막이, 가설도로, 띠장, 방호선반, 버팀대, 버팀보, 복공판, 엄지말뚝, 지주가설재, 지지대, 지하벽체, 케이슨, 스트러트, 안전시설물, 가설계단, 기타, 가시설, 벽이음, 가새, 수평연결재, 안전핀, 전도방지재, 잭서포트, 클라이밍콘, 브라켓, 특수거푸집(갱폼 등)
건설공구(3)	- 사다리, 몰탈혼합기, 공구류
건설기계(39)	- 어스오거, 불도저, 굴착기, 로더, 지게차, 스크레이퍼, 덤프트럭, 기중기(이동식크레인 등), 모터그레이더, 롤러, 노상안정기, 콘크리트뱃칭플랜트, 콘크리트피니셔, 콘크리트살포기, 콘크리트믹서트럭, 콘크리트펌프, 아스팔트믹싱플랜트, 아스팔트피니셔, 아스팔트살포기, 골재살포기, 쇄석기, 공기압축기, 천공기, 항타 및 항발기, 자갈채취기, 준설선, 타워크레인, 특수건설기계, 고소작업차(고소작업대 등)
건설자재(15)	- 철근, 데크플레이트, 선라이트, 창호, 천정패널, 철망, 체인블럭, 파형강판, 자재, 파이프서포트, 볼트, 핀, 와이어로프, 레일, 덕트
토사 및 암반(10)	- 굴착사면, 터널 천단부, 터널 막장면, 경사면, 벽돌, 성토사면, 절토사면, 암사면, 부석, 지반
시설물(10)	- 옹벽, 건물, 석축, 담장, 보강토 옹벽, 위험물저장탱크, 터널 갱구부, 돌담, 방음벽, 주탑
부재(16)	- 슬래브, 철골부재, 거더, 조적벽체, PSC빔, 교량 바닥판, 기성말뚝, 현장타설말뚝, 강박스, 교각 기초, 교대 기초, 개구부, 슬레이트, 트러스, 벽체, 배관
기타(9)	- 지하매설물, 차량, 전주, 전선, 비산물, 건설폐기물, 유증기, 작업대차, 기타

마. 작업프로세스별 분류

작업프로세스별 분류는 다음 <표 2.5>와 같으며, 타설작업, 해체작업, 설치작업, 굴착작업, 정리작업, 매설작업, 이동, 연결작업, 운반작업, 부설 및 다짐작업, 조립작업, 거치작업, 준비작업, 벌목작업, 장약 및 발파작업, 반출작업, 설비작업, 용접작업, 천공작업, 상차 및 하역작업, 도장작업, 인발작업, 절단작업, 정비작업, 항타 및 항발작업, 형틀 및 목공, 인양작업 등 총 41개로 구분된다.

표 2.5 작업프로세스별 분류 현황

대분류(41)
- 타설작업, 해체작업, 설치작업, 굴착작업, 정리작업, 매설작업, 이동, 연결작업, 운반작업, 부설 및 다짐작업, 조립작업, 거치작업, 준비작업, 벌목작업, 장약 및 발파작업, 반출작업, 설비작업, 용접작업, 천공작업, 상차 및 하역작업, 도장작업, 확인 및 점검작업, 청소작업, 측량작업, 보수 및 교체작업, 쌓기작업, 적재작업, 마감작업, 전기작업, 고소작업, 물뿌리기 작업, 절취작업, 양생작업, 양중작업, 인발작업, 절단작업, 정비작업, 항타 및 항발작업, 형틀 및 목공, 인양작업, 기타

바. 사고원인별 분류

사고원인별 분류는 주원인 유형 5종과 주원인 유형에 대한 사고원인(주원인)으로 분류되며, 주원인 유형은 관리적, 설계적, 시공적, 재료적, 환경적요인으로 구분된다. 기본적으로 사고원인별 분류는 주원인 유형에 대해 발주자, 설계사, 시공자, 감리자, 작업자 관점을 고려하여 구체적인 사고원인(주원인)으로 분류하였다. 다음 <표 2.6>은 사고원인별 분류 현황이다.

관리적요인은 감리자 및 발주자 등 관리적인 측면에 대한 분류이며, 무모한 또는 불필요한 행위 및 동작, 작업자의 단순과실 등 총 82개로 구분된다. 설계적요인은 설계자 등 설계적인 측면에 대한 분류이며, 작업자의 단순과실, 부주의, 방호시설 미설치 등 총 22개로 구분된다. 시공적요인은 시공자, 작업자, 감리자 등 시공적인 측면에 대한 분류이며, 무모한 또는 불필요한 행위 및 동작, 작업자의 단순과실, 부주의, 고소작업대 설치 미흡 등 102개로 구분된다. 재료적요인은 설계자, 작업자 등 재료적인 측면에 대한 분류이며, 작업자의 단순과실, 부주의 등 총 14개로 구분된다. 환경적요인은 전반적인 환경적인 측면에 대한 분류이며, 작업자의 단순과실, 부주의, 불안전한 작업자세, 전도 예방조치 미흡, 작업순서 미흡 등 18개로 구분된다.

표 2.6 사고원인별 분류 현황

유 형	사고원인(주원인)
관리적 요인 (82)	- 무모한 또는 불필요한 행위 및 동작, 작업자의 단순과실, 부주의, 고소작업대 설치 미흡, 구조물등 그밖의 위험방치 및 미확인, 불안전한 작업자세, 전도 예방조치 미흡, 방호시설 미설치, 긴결 미흡, 기계적 결함, 장애물 충돌, 작업 공간 협소, 작업순서 미흡, 중량물 운반, 자재불량에 의한 파손, 버팀목 설치 미흡, 작업중 충돌, 조작 미숙, 거푸집 긴결재/앵커 해체, 중량물 취급 미흡, 과적운행, 과속주행, 거푸집 하단 미고정, 작업신호 불량, 소음진동, 파손, 풍화암층 파쇄대, 크레인줄걸이, 적재방법 불량, 가새 설치 미흡, 지장물 조치 미흡, 지지부재 이탈, 철거 잔재물 적치, 부석 미제거, 단차발생, 조립불량, 해체방법 부적정, 수직도 미확보, 지지대 미설치, 상재하중, 주용도외 사용, 하중의 지지상태 미흡, 부착토 미제거, 집중호우, 흙막이 가시설 설치미흡, 지반붕괴, 과다한 굴착, 지지부재 파단, 부석제거 미흡, 철근 전도방지 미조치, 경사각 미준수, 지반상태 불량, 콘크리트 유동화, 부재의 체결강도 미흡, 동절기 콘크리트 타설, 시공순서 불량, 거푸집 긴결재/앵커 위치, 굴착면 기울기, 구조안전성 미검토, 유도자 미배치, 버팀대 미설치, 과하중, 침하, 과도한 변형, 용접부 탈락, 크레인와이어, 인화성 유증기 잔류, 붐 연결핀 파단, 시공하중, 수평보강 및 지지 미흡, 브레이크 파열, 동결융해, 용접불량, 철근배근 미흡, 적재하중, 부적정한 이음방법, 지지용 로프 풀림, 버팀목 미설치, 기타, 복장, 개인보호구의 부적절한 사용, 설비,기계등의 부적절한 사용 관리, 작업전 부석, 균열, 함수 등 변화 점검 미흡
설계적 요인 (22)	- 작업자의 단순과실, 부주의, 방호시설 미설치, 인양로프 해체방법 미흡, 거푸집 긴결재/앵커 해체, 파손, 인양방법 불량, 해체방법 부적정, 탈락, 지지구조물 설치 미흡, 작업자 하중, 하중의 지지상태 미흡, 흙막이 가시설 설치미흡, 가물막이 단부 붕괴, 토압, 지반상태 불량, 전단변형 미고려, 과하중, 단층파쇄대, 히빙, 설계시 작업하중과 장비하중의 실중량 미고려, 기타
시공적 요인 (102)	- 무모한 또는 불필요한 행위 및 동작, 작업자의 단순과실, 부주의, 고소작업대 설치 미흡, 구조물등 그밖의 위험방치 및 미확인, 불안전한 작업자세, 전도 예방조치 미흡, 방호시설 미설치, 긴결 미흡, 장애물 충돌, 작업중 이동, 작업 공간 협소, 장비운용 미흡, 작업순서 미흡, 로프강도 불충분, 중량물 운반, 이동식 비계 조정, 인양로프 해체방법 미흡, 연결부 파손, 버팀목 설치 미흡, 토사유실, 작업중 충돌, 사면활동, 조작 미숙, 거푸집 긴결재/앵커 해체, 중량물 취급 미흡, 거푸집 하단 미고정, 작업신호 불량, 소음진동, 파손, 설치방법 불량, 버팀대 설치 미흡, 적재방법 불량, 결속벤딩 해체, 구조조립상태 불량, 인양방법 불량, 설치 미흡, 가새 설치 미흡, 지장물 조치 미흡, 지지부재 이탈, 철근 과적재, 부석 미제거, 조립불량, 거푸집 수직도 미확보, 해체방법 부적정, 탈락, 지지대 미설치, 지지구조물 설치 미흡, 용접부위 파단, 와이어로프 파단, 작업자 하중, 주용도외 사용, 하중의 지지상태 미흡, 부착토 미제거, 와이어로프 이탈, 흙막이 가시설 설치미흡, 지반붕괴, 철근결속 미흡, 과다한 굴착, 궤도차량 충돌, 작업발판 고정 철선 절단, 부석제거 미흡, 철근 전도방지 미조치, 경사각 미준수, 시공계획서 및 시공상세도 미준수, 지반상태 불량, 콘크리트 유동화, 부재의 체결강도 미흡, 시공순서 불량, 거푸집 긴결재/앵커 위치, 지하수 유입, 굴착면 기울기, 구조안전성 미검토, 굴착공법 및 순서 불량, 절단방향 판단 오류, 설치작업순서 미준수, 토사층, 로프 매듭풀림, 절취면 기울기, 과하중, 용접부 탈락, 작업하중, 배관 탈락, 분할 시공, 벽이음 일부해체, 아웃트리거 설치 미흡, 철근배근 미흡, 풍화암층, 시공계획서 미작성, 강도 발휘전 해체, 가새 미설치, 지반 함수량 증가, 임의 설계변경, 거푸집의 수직도 및 레벨, 중량물 설치방법 미흡, 집중하중, 추진방향 판단 미흡, 충격하중, 기타, 복장, 개인보호구의 부적절한 사용, 설비,기계등의 부적절한 사용 관리, 타설 미흡(하중, 속도, 순서 등)
재료적 요인 (14)	- 작업자의 단순과실, 부주의, 구조물등 그밖의 위험방치 및 미확인, 자재불량에 의한 파손, 사면활동, 파손, 볼트 결함, 지지대 연결부 파손, 와이어로프 파단, 유압잭 결함, 지지부재 파단, 재사용, 강성 부족, 기타
환경적 요인 (18)	- 작업자의 단순과실, 부주의, 불안전한 작업자세, 전도 예방조치 미흡, 작업순서 미흡, 중량물 운반, 돌풍, 사면활동, 조작 미숙, 작업신호 불량, 인양방법 불량, 집중호우, 외력, 지하수 유입, 히빙, 미입력, 기타, 복장, 개인보호구의 부적절한 사용

2.1.3 건설사고 정보수집

건설사고 정보수집은 CSI를 통해 인·허가기관 및 발주기관에서 등록하거나 초기현장조사, 자체 사고조사위원회(KALIS) 조사, 건설·중앙지하·중앙시설물 사고조사위원회 조사를 통해 진행된다. 초기현장조사 시 원활한 사고조사를 위하여 초기현장조사 체크리스트를 배포하여 활용하며, 이를 통해 초기현장조사 수행 후 초기현장조사 보고서를 작성한다. 본사 사고조사실은 지사의 초기현장조사 보고서를 토대로 자체사고조사위원회 및 건설·중앙지하·중앙시설물 사고조사위원회 구성·운영에 대한 여부를 파악하고, 필요한 경우 위원회를 구성·운영하여 자체사고조사위 보고서와 건설·중앙지하·중앙시설물 사고보고서를 작성한다.

가. CSI 건설사고 접수 정보항목

CSI를 통해 접수되는 정보는 공사명, 사고명, 사고일시, 사고유발주체, 사망·부상자, 사고공종, 사고객체, 작업프로세스, 사고원인 등 총 135개이며, 다음 <표 2.7>과 같다.

표 2.7 건설사고 접수 정보 항목 현황

건설사고 접수 정보 항목(135개)
사고번호, 사고위치 장소(직접입력), 50이상~60미만 부상자, 인허가기관 법인등록번호, 사고상태, 사고위치 부위, 60이상 부상자, 인허가기관 사업자번호, 공사명, 사고위치 부위(직접입력), 피해금액, 감리자기관명, 사고명, 주원인 유형, 피해내용, 감리자 법인등록번호, 사고일시, 사고원인(주원인), 사고신고사유, 감리자 사업자번호, 공공/민간, 사고원인(보조원인1), 사고신고사유-사망1명이상, 설계자기관명, 수신자유형, 사고원인(보조원인2), 사고신고사유-3일이상 휴업이 필요한 부상, 설계자, 법인등록번호, 공공/민간 수신자유형 정상여부, 구체적사고원인, 사고신고사유-1000만원 이상의 재산피해, 설계자 사업자번호, 신고일시, 사고유발주체, 사고신고사유-기타, 사고조사방법, 신고소요시간, 사고유발주체-발주자, 주소, 위원회조사필요성, 자체사고 통보일시, 사고유발주체-설계자, 상세주소, 위원회구성(안), 자체사고 통보 소요시간, 사고유발주체-시공자, 시도구분, 향후조치계획, 통보일시 타입, 사고유발주체-감리자, 공사비, KISCON 공사대장여부, 날씨, 사고유발주체-작업자, , 해당공종 공사비, KISCON 코드, 온도, 사망자, 공사시작일, KISCON 공사번호, 습도, 내국인 사망자, 공사종료일, 세움터 인허가번호, 시설물 대분류, 외국인 사망자, 해당공종 공사시작일, k-apt 계약번호, 시설물 중분류, 남성 사망자, 해당공종 공사종료일, 등록일시, 시설물 소분류, 여성 사망자, 낙찰율, 수정일시, 연면적, 10이상~20미만 사망자, 공정율, 사고발생시점, 지상층수, 20이상~30미만 사망자, 작업자수, 사고경위, 지하층수, 30이상~40미만 사망자, 안전관리계획, 사고발생후 조치사항, 공사종류, 40이상~50미만 사망자, 설계안정성검토, 작성자기관, 인적사고종류(대분류), 50이상~60미만 사망자, 시공자기관명, 재발방지대책, 인적사고종류, 60이상 사망자, 시공자 법인등록번호, 행정처분결과, 안전방호조치여부, 부상자, 시공자 사업자번호, 사무국의견, 개인보호조치여부, 내국인 부상자, 사고관련 하도급사기관명, 사무국의견 유형, 물적사고종류, 외국인 부상자, 사고관련 하도급사 법인등록번호, 삭제요청여부, 공종(대분류), 남성 부상자, 사고관련 하도급사 사업자번호, 신고자자체사고조사, 공종(소분류), 여성 부상자, 복수 사고관련 하도급 여부, 공사명동일, 사고객체(대분류), 10이상~20미만 부상자, 발주청기관명, 사고명동일, 사고객체(소분류), 20이상~30미만 부상자, 발주청 법인등록번호, 사고일동일, 작업프로세스, 30이상~40미만 부상자, 발주청 사업자번호, 공사명-사고일 동일, 사고위치 장소, 40이상~50미만 부상자, 인허가기관기관명

나. 초기현장조사

초기현장조사는 건설사고 발생시 지사의 2인1조의 전문조사자가 출동하여 초기현장조사 체크리시트를 통해 조사를 진행하고, 초기현장조사 보고서를 작성하여 사고조사실에 전달한다. 국토안전관리원의 초기현장조사 체크리스트는 다음 <그림 2.2>~<그림 2.4>와 같다.

건설사고 초기현장조사 체크리스트

□ 건축분야

구 분		점 검 사 항	점검결과		비고
			보유여부	내용	
공통	서류 점검	○ 해당공종 설계도면, 내역서	있음	도면 미준수	
		○ 안전관리계획서, 시공계획서	없음	안전계획 미수립	
		○ 구조계산서, 공사시방서			
		○ 공사일지, 감리일지, 안전교육일지			
		○ 점검보고서(정기, 특별)			
	현장 점검	○ 해당공종 사고경위 파악			
		○ 사고원인 조사			
		○ 유관기관 대응현황			
크레인 사고	서류 점검	○ 크레인 관련도면, 설치·해체 순서도			
		○ 정기점검 보고서			
		○ 가동일지			
	현장 점검	○ 크레인 설치상태			
		○ 파손부 현황			
		○ 크레인 사용 시 적정성 여부 등			
콘크리 트타설· 동바리 사고	서류 점검	○ 구조계산서			
		○ 자재 입고검수 대장			
		○ 시공계획서(동바리, 콘크리트 타설)			
	현장 점검	○ 구조검토에 따른 동바리 시공상태			
		○ 콘크리트 타설 순서 및 활하중 적정성파악			
		○ 동바리 재료의 변형, 부식 및 손상여부			
철구조 물사고	서류 점검	○ 설치도면, 구조계산서			
		○ 시공상세도, 안전교육일지			
		○ 안전보호구 지급대장			
	현장 점검	○ 설치상태 적정성 여부			
		○ 주요 구조부 접합상태			
		○ 작업자 안전보호구 착용여부			

그림 2.2 초기현장조사 체크리스트(건축분야)

제 2장 건설사고 조사체계 현황분석

□ 토목분야

구분		점검사항	점검결과		비고
			보유여부	내용	
공통	서류점검	○ 해당공종 설계도면, 내역서 ○ 안전관리계획서, 시공계획서 ○ 구조계산서, 공사시방서 ○ 공사일지, 감리일지, 안전교육일지 ○ 점검보고서(정기, 특별)			
	현장점검	○ 사고경위 파악 ○ 사고원인 조사 ○ 유관기관 대응현황			
교량	서류점검	○ 해당공종 상세도면 ○ 해당공종 시공계획 상세 ○ 가설계획도			
	현장점검	○ 주요 구조부 시공상태 ○ 시공계획 준수여부 ○ 안전관리 계획 이행여부			
터널	서류점검	○ 지반 조사보고서 ○ 계측관리 계획서			
	현장점검	○ 천단부 파손, 변형 등 상태 점검 ○ 천단부 보강상태 기준 준수여부 ○ 계측관리 실시 및 기준 준수여부			
토공, 비탈면	서류점검	○ 지반 조사보고서 ○ 계측관리 계획서			
	현장점검	○ 비탈면의 적정기울기 준수여부 ○ 측구, 도수로 등 배수로의 적정성 여부 ○ 굴착부 등 위험부의 안전시설물 설치여부			
관로, 가시설, 흙막이	서류점검	○ 가설재 재료 검수서 ○ 굴착깊이, 토질, 지하수, 작업토압 검토서 ○ 지반 조사보고서			
	현장점검	○ 시공상세도에 의한 시공 및 작업준수 여부 ○ 지보공, 버팀대의 강성 확보 여부 ○ 계측관리 실시 및 기준 준수여부			

그림 2.3 초기현장조사 체크리스트(토목분야)

□ 사고 유형별(공통)

구분		점 검 사 항	점검결과		비고
			보유여부	내용	
공통	서류점검	○ 해당공종 설계도면, 내역서			
		○ 안전관리계획서, 시공계획서			
		○ 구조계산서, 공사시방서			
		○ 공사일지, 감리일지, 안전교육일지			
		○ 점검보고서(정기, 특별)			
	현장점검	○ 사고경위 파악			
		○ 사고원인 조사			
		○ 유관기관 대응현황			
추락	현장점검	○ 안전관리 계획 이행여부			
		○ 개인안전보호구 착용상태 및 안전고리 체결여부			
		○ 안전시설물(작업발판 또는 추락방지망 등) 시공상태			
		○ 개구부 등의 조치상태			
		○ 강관비계 및 동바리 구조 상태			
		○ 안전로프 결속 상태 및 단독작업 여부			
		○ 설비 및 크레인 등 해체작업 시 해체계획서 작성 및 이행여부			
물체에 맞음	현장점검	○ 건설기계의 정비 및 점검 여부			
		○ 건설기계 양중작업 시 와이어 상태			
		○ 건설기계 작업반경내 작업여부			
		○ 개인안전보호구 착용상태			
		○ 작업지시자 및 장비유도원의 배치 여부			
깔림	현장점검	○ 건설기계의 경보 및 안전장치의 작동여부			
		○ 작업지시자 및 안전신호수의 배치 여부			
		○ 건설기계 양중작업 시 결속부 상태			
		○ 이동식 건설기계의 설치 지반 및 아웃트리거 받침의 상태			
		○ 설비 및 크레인 등 해체작업 시 해체계획서 작성 및 이행여부			
기타	현장점검	○ 지게차 조종사 안전벨트 체결여부			
		○ 크레인 장비의 적정 중량 양중 및 각도 준수 여부			
		○ 굴착기의 정품 버켓 사용 여부(안전핀 불량)			
		○ 차량계 하역운반기계 등의 주용도 외 사용 여부			
		○ 밀폐장소 작업전 유해가스 측정여부			

그림 2.4 초기현장조사 체크리스트(공통)

초기현장조사를 통해 수집한 정보는 사고일시, 기상상태, 공사명, 시공사, 책임자, 감리자, 설계자, 현장주소, 사고 종류, 인적피해, 장비손실, 구조물 손실, 피해금액, 공기지연, 사고발생 경위(발생원인), 조치상황, 위원회 조사 필요성, 사고 현장 위치도와 현장 사진 등이다. 수집한 정보를 취합하여 다음 <그림 2.5>와 같은 초기현장조사 보고서를 작성한다.

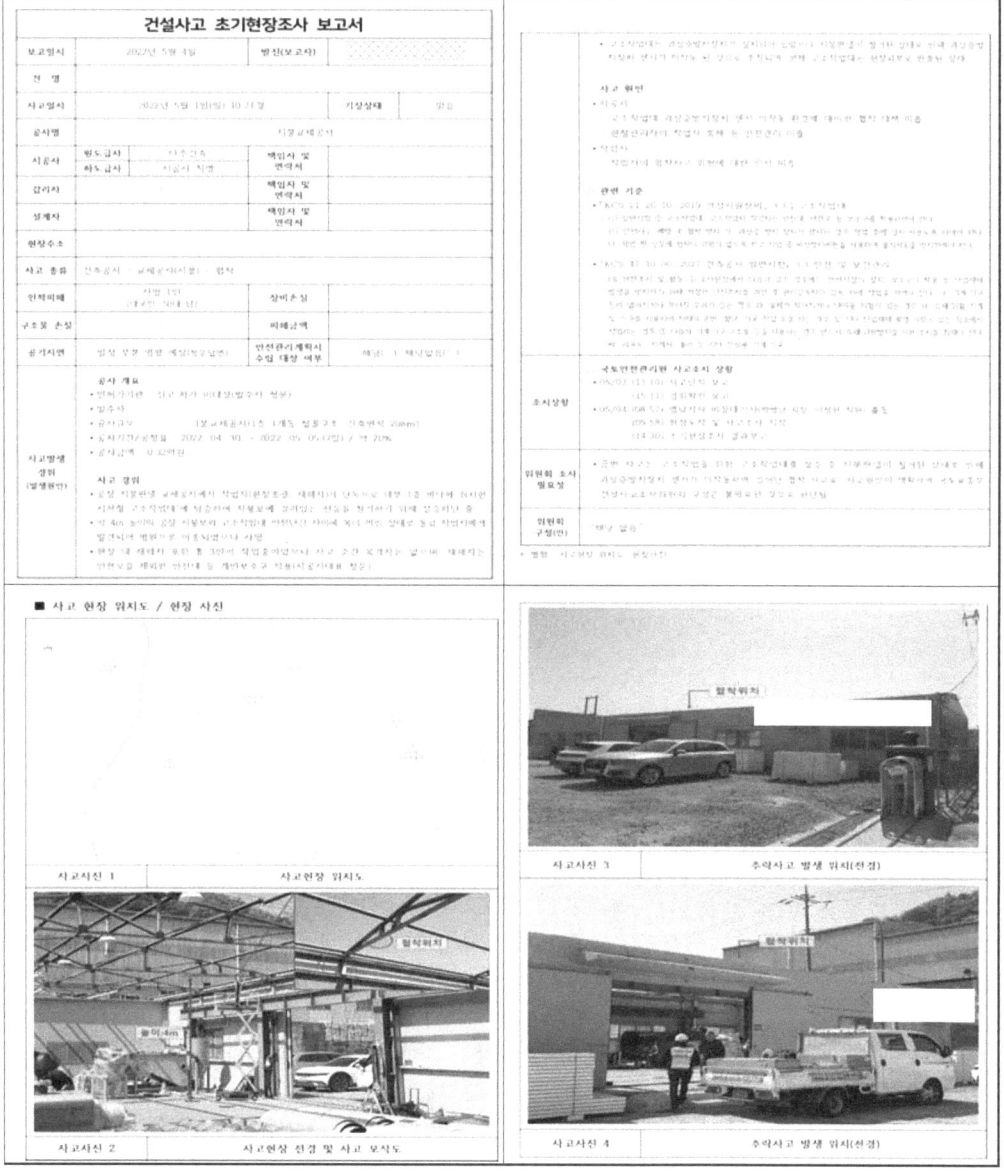

그림 2.5 초기현장조사 보고서 예시

다. 자체 사고조사위원회(KALIS) 운영

초기현장조사 결과를 근거하여 국토안전관리원은 위원회 운영여부 판단회의를 소집하여 재난안전본부장 주관하에 위원회 구성·운영 여부를 결정한다. 판단회의 참석자는 재난안전본부장, 사고조사실장, 건설안전관리실장, 지하안전기획단장, 기반시설본부 및 생활시설본부 주무실장 등이다.

자체 사고조사위원회는 위원장 포함 5인 내외로 구성하며, 위원장은 재난안전본부장, 간사는 사고조사실장을 당연직으로 하고 사전에 구성된 위원단 중 위원을 선정한다. 사고조사위원회 조사기간은 사고발생 후 1주일 이내 착수하여 14일 이내 종료를 원칙으로 하나 필요시 연장 가능하다. 사고조사위원회의 업무범위는 사고 관련 정보의 수집 및 정리, 사고의 경위 및 원인조사, 사고조사 보고서의 작성 및 결과보고, 사고 재발방지에 관한 권고 또는 건의 등이 있다. 사고조사실은 사고조사 계획 수립, 정보 수집, 사고경위 및 원인조사 등 사고조사 관련 업무를 지원한다.

사고조사 결과로 자체 사고조사 보고서를 작성하며, 보고서는 다음 <그림 2.6>과 같다. 작성한 보고서에 대해 건설안전관리실장(건설), 지하안전기획단장(지반), 건축물관리지원센터장(해체), 터널실장(시설물)으로 하여금 초기현장조사 결과보고서와 위원회의 사고조사결과보고서를 검토하도록 한다. 조사 완료 시 조사결과를 국토안전원장에게 보고하고 사고조사보고서를 국토부와 해당 발주자 등에 통보하며 안전성능연구소와 협업하여 통계분석 등에 활용한다.

자체 사고조사보고서는 조사에 대한 목적, 공사현황, 사고경위 및 피해현황 등의 일반적인 개요와 인허가 자료, 설계도서 등 검토내용, 현장조사를 통한 전문가 입장의 현장분석내용, 사고에 대한 원인을 설계적 측면과 시공적 측면으로 구분하여 분석한 내용을 수록한다. 또한 향후 유사사고 발생을 예방하기 위한 재발방지대책과 관련 법·제도, 보고서 등의 참고자료 등을 부록으로 제시한다.

그림 2.6 자체 사고조사 보고서 예시

 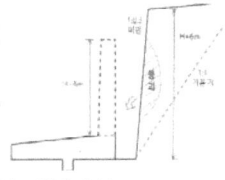

<그림 2.2> 붕괴사고 현황 및 개념도

2.3.2 지층조건 분석

- 사업계획 수립 시 별도의 지반조사가 수행되지 않아 지층 및 지질에 대한 공식적 분류를 얻을 수 없으나, 현장 육안조사 결과 깎기비탈면 전 구간은 토사층으로 구성되어 있으며, 노출된 굴착 표면 상태로 보아 화강풍화토로서 풍화가 진행된 점성토에 가까운 토사로 판단됨
- 화강풍화토는 풍화 정도에 따라 실트질 모래에서 점성토까지 넓은 범위의 입경분포를 갖는 특성이 있으며, 원지반 상태에서 깎기 또는 굴착으로 인해 대기 또는 강우에 노출될 경우에는 쉽게 입자가 파쇄되어 구조적으로 불안정한 상태가 되는 공학적 특성을 갖고 있음
- 특히 이러한 지반은 비탈면의 안정, 기초지반의 침하 등 여러 측면에서 지반공학적으로 불리한 조건을 형성하므로 적절한 검사와 신축한 조치로 안정성을 확보해야 함

<그림 2.3> 현장의 지층 현황

[KDS 11 70 05 : 2020] 2.0 토사 원지반 깎기 비탈면 표준경사

토질조건		비탈면 높이(m)	경사	비고
호박			1:1.5 이상	SW, SP
사질토	밀실한 것	5 이하	1:0.8~1:1.0	SM, SP
		5~10	1:1.0~1:1.2	
	밀실하지 않고 입도분포가 나쁨	5 이하	1:1.0~1:1.2	
		5~10	1:1.2~1:1.5	
사질토 또는 점토 섞인 자갈토	밀실하고 입도분포가 좋음	10 이하	1:0.8~1:1.0	SM, SC
		10~15	1:1.0~1:1.2	
	밀실하지 않거나 입도분포가 나쁨	10 이하	1:1.0~1:1.2	
점성토		0~10	1:0.8~1:1.2	ML, MH, CL, CH
암괴 또는 호박돌 섞인 점성토		5 이하	1:1.0~1:1.2	GM, GC
		5~10	1:1.2~1:1.5	
풍화암			1:1.0~1:1.2	

3.1.3 시공 관련 원인

- 본 현장은 시추조사 및 안정성 검토 등 공사 전 수행하기 어려우며, 전문 건설사업자가 아닌 발주자(건축주)가 직접 시공관리를 수행하여 시공 및 시점, 원지반의 공학적 특성을 이해하지 못한 채 시공을 진행하였음
- 또한 사고 전일을 포함하여 깎기비탈면이 노출된 기간은 7일 정도로써 사고 발생의 기준 1주일간 4일 동안 채내직역에 포함되어 있었으며, 이는 원지반인 화강풍화토의 지반강도를 급격히 저하시켜 붕괴로 이어진 것으로 판단됨
- 현장조사 결과, 토사 붕괴지점은 사고조사일('21. 4. 5)에도 동일한 부위에서 낙초 붕괴 형태(배니형 국부파괴)와 유사한 형상으로 붕괴가 이루어 지고 있는 것을 확인하였음(소규모 상태)

제 4 장 재발방지대책 및 결언

4.1 재발방지대책

- 현행 소규모 건축공사의 경우 대부분 건축사사무소에서 설계, 감리를 수행하고 있으며 건축법, 건축법시행규칙 등을 준수하고 국가설계기준에 따른 설계도서를 작성하여야 하나 부대공사에 해당하는 토목분야 설계도서는 현장조건, 지반조건, 시공법 등이 부실한 경우가 다수 확인되므로 인허가 기관에서는 이에 대한 철저한 확인과 기술자문위원회 등을 통하여 안정성, 시공성, 환경성, 원점성장 등의 검증이 필요할 것으로 사료됨
- 소규모 현장의 안전성 확보는 현장에서 직접 안전관리 및 타 업무를 수행하는 감리자의 역할이 매우 중요하므로 관할 인허가 기관이 주기적으로 공사 현장에서 감리활동에 대한 모니터링과 건축법 시행규칙 제 19조의2 공사감리업무 준수사항에 대해 확인 점검을 시행함으로써 시공 중 안전사고를 예방해야 할 것임

4.2 결 언

- 금번 광주 광산구 근린생활시설 건축공사 현장에서 옹벽 설치 작업 중에 발생한 깎기비탈면 붕괴 사고는 충분히 예방할 수 있었던 사고로서 인허가, 설계분야, 시공분야, 감리분야의 총체적인 부실로 인하여 붕괴사고가 발생하였다고 판단되며 결론적으로 인재에 의한 사고라고 판단됨
- 특히 국내의 소규모 건설현장은 대부분 안전사고가 빈번하게 발생하는 안전 사각지대로 분류되고 있는 실정이므로 인허가기관의 철저한 관리와 관련 법 적용 등으로 착공 전 단계에서 안전사고를 예방하고 설계와 감리 단계에서는 국가건설기준, 관련법과 규정에 부합되는 설계도서 작성과 감리활동이 수반되어야 할 것임
- 또한 건설공사 중에는 건설관계자들의 안전사고에 대한 인식 고취를 위해 유사 사고사례 등에 대한 지속적인 교육을 통하여 안전사고 예방에 노력을 기울여야 할 것임

▶ 건축법 시행규칙 [별표 4의2] <개정 2019. 11. 18.>

착공신고에 필요한 설계도서(제14조 제1항 관련)

7. 토목	가. 노면 복구도	
	나. 먼주 관련도	주차시설등 개황
	다. 토질굴착 및 승벽도	1) 지하매설구조물 현황 2) 흙막이 구조(지하 2층 이상 지하의 지표운동 설치하는 경우 또는 지하 1층을 설치하는 경우로서 제2조의 제6호에 따른 연약지반, 경사지 또는 폭발이 근본적으로 인하여 인접대지 혹은 옆 건축물 등에 영향을 줄 수 있는 조치가 필요한 도로와 인접한 경우에 해당한다) 3) 단면상세 4) 옹벽구조
	라. 대지 종·횡단면도	
	마. 우수처리 상선 단면도	
	바. 주차장 배수시설 평면도	
	사. 부대수 계통도	우수·오수 배수시설 구조 및 상세, 공공 하수도와의 연결방법, 오수 정화시설 설치위치 표시
	아. 지반조사 보고서	시추조사 결과, 지반분류, 지반변형계수 및 극한 지지력 산정에 관한 내용 (5층 미만이고 지반조사 결과가 지반공학상 양호한 경우는 제외. 단, "건축물의 구조기준 등에 관한 규칙" 제2조 제6호에 따른 연약지반의 경우 지반조사 결과 및 해당 지반에 적합한 기초의 형태와 지반에 근접한 건축물의 경우 지반조사 결과 및 평가로 갈음할 수 있다)

그림 2.6 자체 사고조사 보고서 예시(계속)

라. 건설 사고조사위원회 운영

초기현장조사 결과를 근거하여 국토안전관리원은 건설사고조사위원회 구성이 필요하다고 판단하여 위원회를 구성한다. 위원회는 전문분야별 위원 200명 중 위원장 1명을 포함하여 12명 이내로 구성하고 조사기간은 1개월 이내이며, 필요시 연장가능하다. 위원회가 사고조사를 통해 보고서를 작성하고 국토교통부장관에게 사고조사 보고서를 제출하며 재발방지를 위한 대책을 관계기관에 권고 또는 건의한다. 국토안전관리원은 위원회의 원활한 사고조사를 위해 사고조사 계획 수립, 정보 수집, 사고경위 및 원인조사 지원, 현장조사 회의 등 위원회 활동의 지원, 운영 비용의 지출 및 정산 등의 업무를 지원한다. 다음 <그림 2.7>은 건설사고조사 보고서 예시이다.

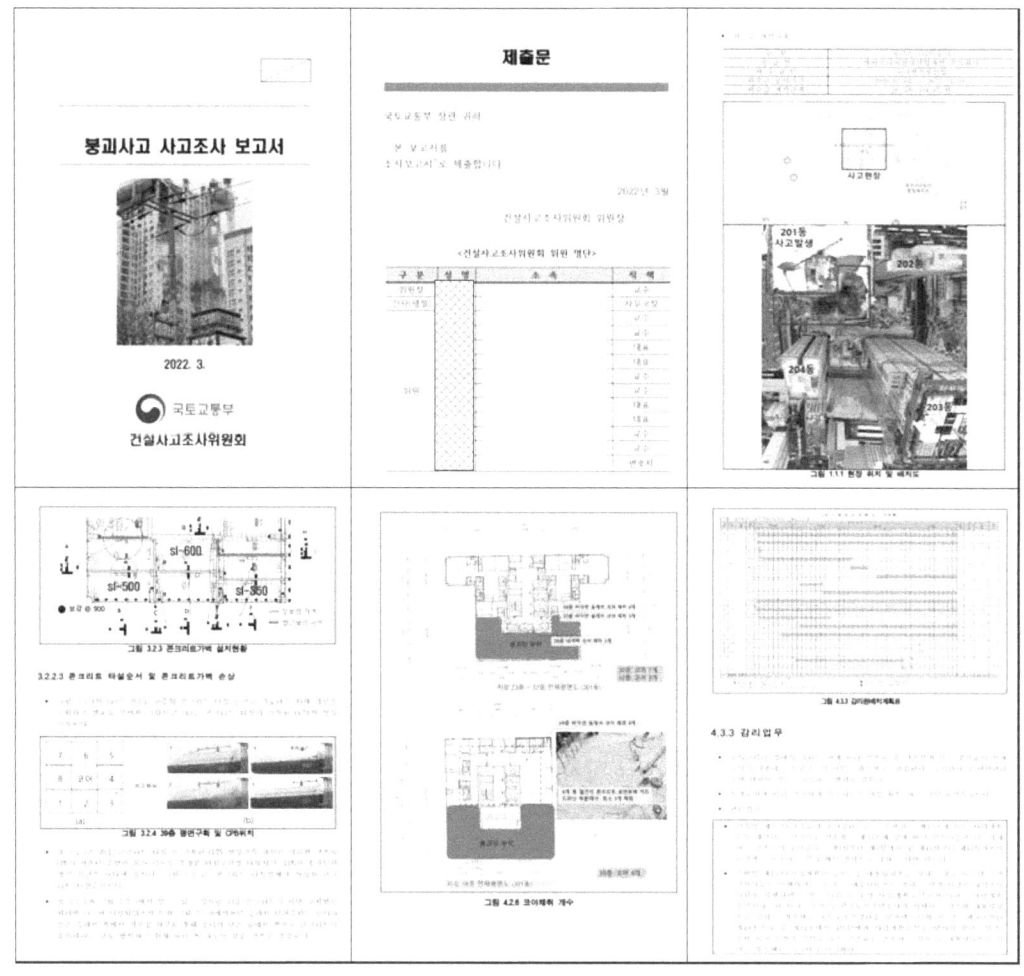

그림 2.7 건설 사고조사 보고서 예시

2.1.4 건설사고 정보 분석 및 환류체계

국토안전관리원은 건설공사 안전관리 종합정보망(CSI)을 통해 건설현장과 사고기업, 대국민에게 다양한 정보를 제공한다. 건설사고에 대한 사고사례와 재발방지대책을 제시하고 건설분야 위험요소에 대한 프로파일 정보 및 통계를 제공한다. 또한, 지사인력 및 위원회 위원 등 건설사고 조사자와 건설사에 대한 구축체계는 현재 부재한 상황이다. 본 장에서는 CSI에서 제공하는 사고사례와 재발방지대책, 건설사고정보R 발간 및 배포, 위험요소프로파일에 대한 조사 결과를 제시하였다.

가. 사고사례 및 재발방지대책

CSI를 통해 접수된 건설사고에 대해 건설현장, 사고기업, 대국민 등이 조회할 수 있도록 사고사례로 제공하고 있다. 발생일자, 발생장소, 사고명, 인적사고유형, 물적사고유형, 피해상황, 공종, 사고객체, 작업프로세스 등의 분류를 통해 검색이 가능하고 검색결과는 사고번호, 사고명, 시도, 사고일시, 조회수로 제공한다. 다음 <그림 2.8>은 CSI에서 제공하는 사고사례 검색 및 결과 화면이다.

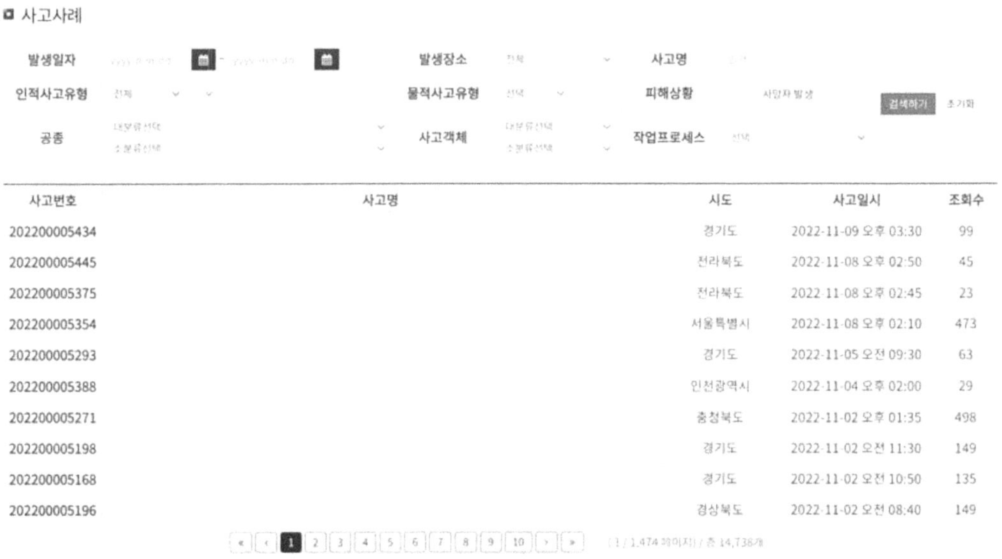
■ 사고사례

발생일자 · 발생장소 · 사고명
인적사고유형 · 물적사고유형 · 피해상황 · 검색하기 · 초기화
공종 · 사고객체 · 작업프로세스

사고번호	사고명	시도	사고일시	조회수
202200005434		경기도	2022-11-09 오후 03:30	99
202200005445		전라북도	2022-11-08 오후 02:50	45
202200005375		전라북도	2022-11-08 오후 02:45	23
202200005354		서울특별시	2022-11-08 오후 02:10	473
202200005293		경기도	2022-11-05 오전 09:30	63
202200005388		인천광역시	2022-11-04 오후 02:00	29
202200005271		충청북도	2022-11-02 오후 01:35	498
202200005198		경기도	2022-11-02 오전 11:30	149
202200005168		경기도	2022-11-02 오전 10:50	135
202200005196		경상북도	2022-11-02 오전 08:40	149

« ‹ 1 2 3 4 5 6 7 8 9 10 › » (1 / 1,474 페이지) / 총 14,738개

그림 2.8 CSI 사고사례 검색 및 결과 화면

CSI 사고사례 검색을 통해 조회된 결과에 대해 상세한 정보 확인은 각 사례명을 선택하면 사고사례에 대한 일반적 개요, 현장특성, 사고조사현황, 현장사진으로 구분된다. 일반적 개요, 현장특성은 CSI를 통해 인·허가기관 또는 발주기관에서 등록한 정보이며, 사고조사 및 현장사진은 국토안전관리원에서 등록한 자료이다. 일반적 개요 부분에서 재발방지대책을 작성하도록 하여 인·허가기관 또는 발주기관에서 향후 동일한 건설사고 발생을 예방하고 경각심을 제고하고 있다. 다음 <그림 2.9>는 CSI에서 제공하는 개별 건설사고의 상세결과이다.

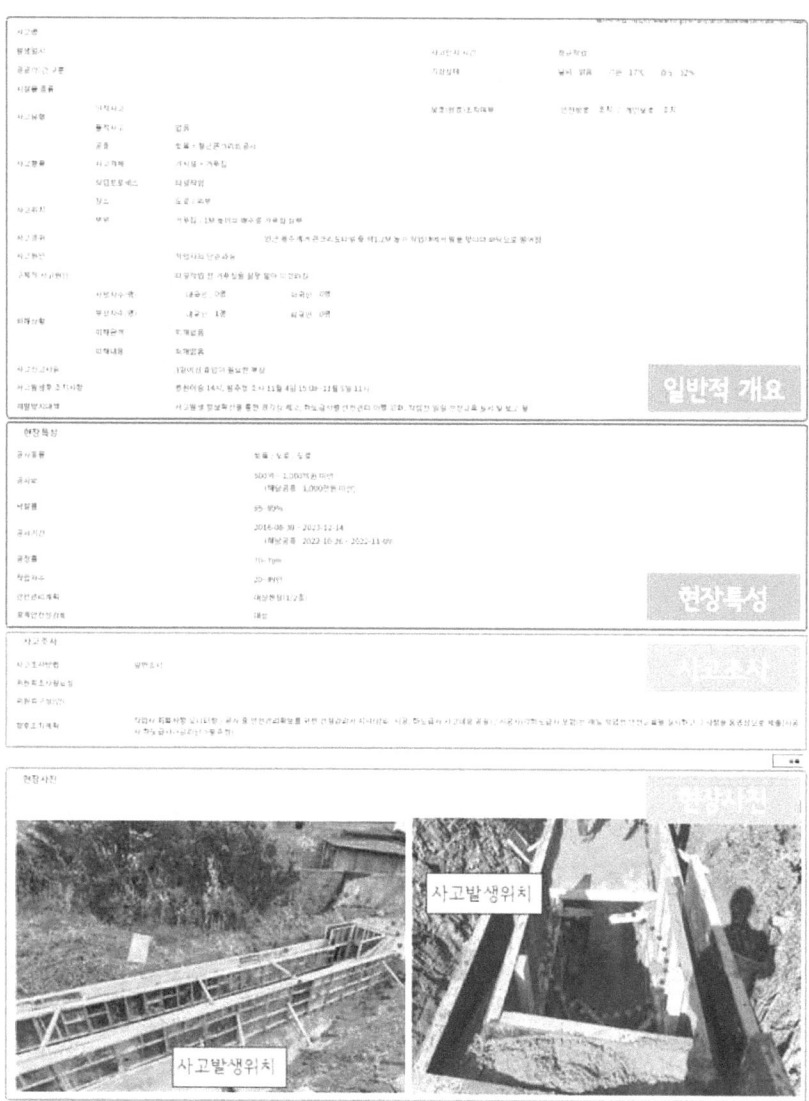

그림 2.9 CSI 개별 사고사례 상세결과

나. 건설사고정보R 발간 및 배포

국토안전관리원은 건설사고를 분석하여 사고예방 및 실효성 있는 정책마련 등에 활용하도록 매년 2차례 건설사고 리포트인 건설사고정보R을 발간하고 배포하고 있다. 건설사고정보R은 사고 동향 및 위험요인 등 건설사고와 관련한 주요 요인별 통계 분석정보로 건설사고의 재발방지 등 건설안전 확보에 활용하도록 제공하고 있다. 리포트는 CSI를 통해 건설업 종사자를 포함한 대국민에게 배포하고 있으며, CSI 공지사항을 통해 확인이 가능하다. 다음 <그림 2.10>은 CSI에서 제공하는 건설사고정보R이다.

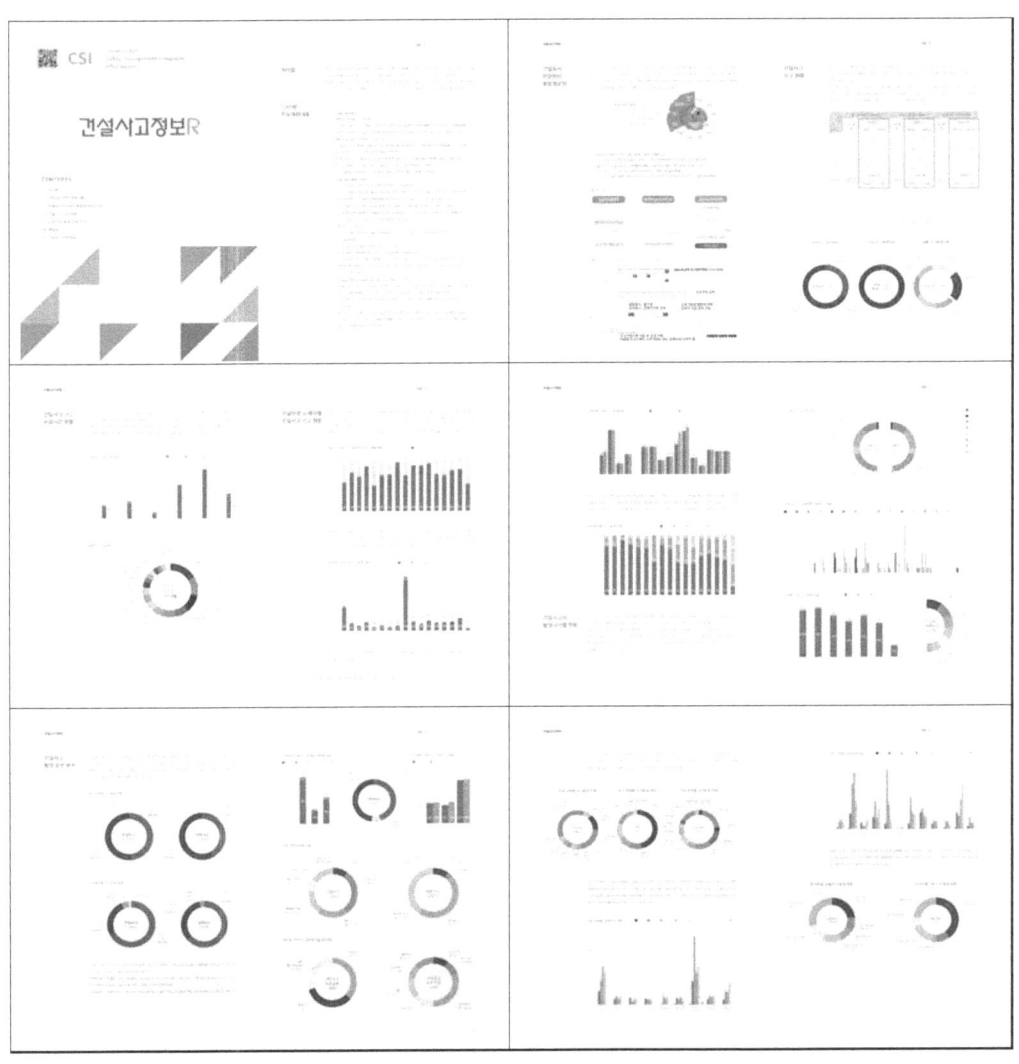

그림 2.10 건설사고정보R 현황

다. 위험요소프로파일

위험요소 프로파일(Hazard Profile)은 건설현장의 공사목적물, 주변 건축물, 가설구조물 등의 안전과 작업자들의 안전을 저해하는 발생 가능한 위험요소(유해위험)을 발굴하여 공종별 위험요소(Hazard)를 분류한 기본 표준자료를 말한다. 공종별 위험요소 프로파일을 개발하여 설계의 안전성 검토, 안전관리계획 수립 등에 참조할 수 있도록 하여 설계자의 안전한 설계, 시공자의 안전한 시공, 발주자의 공사현장 안전관리 감독 등 적극적인 활동에 참여할 수 있도록 지원하고 있다.

1) 위험요소프로파일 구성

위험발생 객체, 위험발생 위치, 작업 프로세스로 구성되며 예측할 수 있는 건설현장 사고를 표현한다. 위험발생 객체는 잠재적으로 재해를 일으킬 수 있는 직접적인 위험요소이며, 위험발생 위치는 잠재적 재해 위험이 높은 장소이고 작업 프로세스는 작업 프로세스 중에 목적물이나 가시설이 무너지는 경우 재해를 발생시킬 수 있는 요인이다. 다음 <그림 2.11>은 위험요소 프로파일의 구성을 나타낸다.

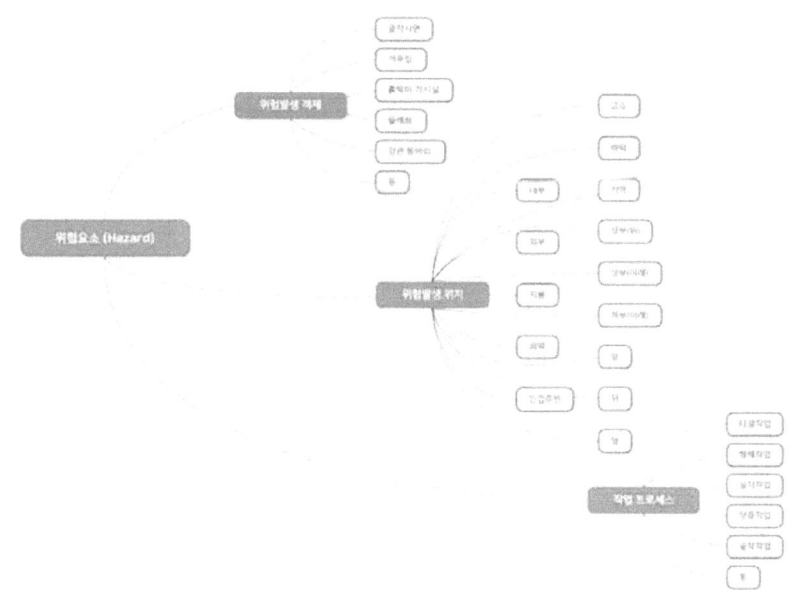

그림 2.11 위험요소 프로파일 구성 예시

2) 위험요소 프로파일링 활용

건설사고를 예방하기 위해서는 건설공사 전 생애주기(기획-설계-시공-유지관리)에 걸쳐 안전관리체계 구축이 필요하며 각 단계별 위험요소 프로파일(Hazard Profile)을 참조하도록 하며, 기획(사업관리), 설계, 공사발주, 시공, 준공 단계별로 활용을 요구한다.

기획(사업관리) 단계는 사업계획단계에서 해당 건설공사에서 중점적으로 관리해야 할 위험요소를 건설공사 위험요소 프로파일(Hazard Profile) 확인을 통해 발굴하여 설계서(과업지시서) 작성을 요한다.

설계 단계는 위험요소 프로파일(Hazard Profile)을 참조하여 설계과정 중에 건설안전에 치명적인 위험요소를 도출하고 이를 제거·감소할 수 있는 저감대책을 고려하여 설계에 반영하도록 한다. 또한, 실시설계가 80% 정도 진행되면 공사목적물이나 가시설 등에 대한 위험요소 및 저감대책 등을 설계안전검토 보고서에 작성하고 설계의 안전성 검토사항에 대해 설계 반영여부 확인을 요구한다.

공사발주 단계는 설계에서 도출된 잔여 위험요소 및 위험요소 프로파일(Hazard Profile)을 참조하여 시공자가 안전관리계획서를 작성하도록 정보를 제공하고, 시공 단계는 위험요소 프로파일(Hazard Profile)을 참조하여 추가적인 위험요소 도출 및 안전관리계획을 수립하도록 한다. 또한, 건설사고 및 아차사고 발생 시 사고내용을 위험요소 프로파일(Hazard Profile)에 반영한다.

준공 단계는 시공과정에서 수정·보완된 위험요소 및 저감대책을 건설공사안전관리 종합정보망(CSI)에 제출하여 위험요소 프로파일(Hazard Profile)을 보완하도록 한다.

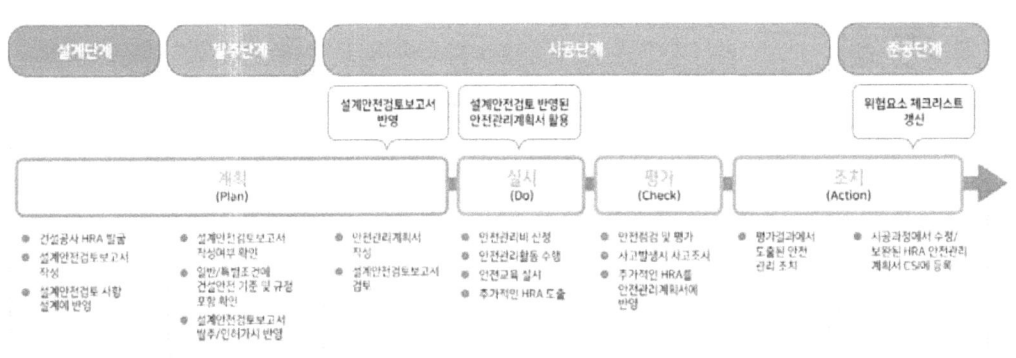

그림 2.12 건설공사 생애주기별 위험요소 프로파일 활용

제 2장 건설사고 조사체계 현황분석

3) 위험요소 프로파일링 순위

위험요소 프로파일링 순위에 대해 CSI에서 제공하고 시설물 종류, 공종, 위험발생객체로 구분하여 사고건수에 대한 순위를 정하였으며, 사고에 대한 세부 목록은 시설물 종류, 공종, 위험발생 객체, 위험발생 위치, 작업 프로세스, 물적/인적피해 사고원인 등 위험요소, 위험성, 저감대책을 제시하고 있다. 다음 <그림 2.13>은 위험요소 프로파일 순위에 대한 상세현황이다.

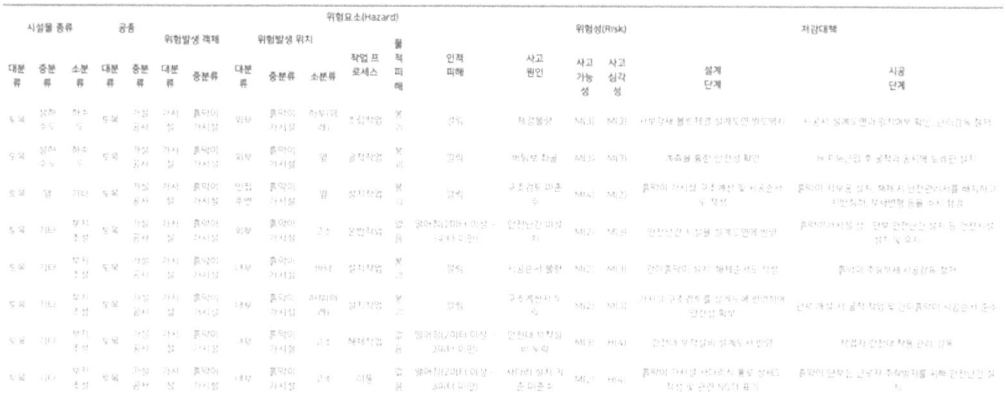

그림 2.13 위험요소 프로파일 순위 상세현황

4) 위험요소 위험성(Risk) 평가

위험요소는 건설현장의 공사목적물과 주변 건축물 등의 안전을 저해하는 유해위험과 이의 발생 가능성을 의미하는 것으로 대상시설물 고유의 위험요인으로 회피할 수 없지만 저감이 가능한 요소라고 한다. 위험요소에 대한 위험성은 사고의 발생빈도(L: Likelihood)와 심각성(S: Severity)을 고려하여 평가하고 있으며, 위험요소를 저감시키고 위험성을 낮출 수 있는 방안으로 유사 원인에 의해서 발생하는 사고를 예방할 수 있는 재발방지대책 등을 저감대책이라 제시한다.

표 2.8 위험요소 위험성 평가의 발생빈도와 사고심각성

발생빈도(Likelihood, L)		사고심각성(Severity, S)	
High(H)	- 빈번히 발생함	High(H)	- 사망, 장기적인 장애를 일으키는 부상, 질병
Medium(M)	- 발생가능성 있음	Medium(M)	- 단기적인 장애를 일으키는 부상, 질병
Low(L)	- 거의 발생하지 않음	Low(L)	- 상해가 없거나 응급처치 수준의 상해

2.2 건설사고 조사 운영체계 현황

건설사고 조사 운영체계 현황은 조사 조직과 인력, 절차에 대해 제시하였다. 건설사고 조사 조직과 인력은 국토안전관리원의 사고조사실 현황을 조사·분석하였으며, 절차는 건설·지하·시설물 사고에 대한 모니터링 및 표준조사 절차에 대하여 조사하여 제시하였다.

2.2.1 건설사고 조사 조직 및 인력

건설사고 발생시 현장조사는 「건설기술진흥법」 제67조에 따라 국토교통부장관, 발주청 및 인·허가기관의 장이 원인 규명과 사고 예방을 위한 사고조사를 수행하여야 한다. 이는 현재 법에서 규정하고 있는 사고조사 전문기관은 별도로 없는 상황이다.

현재 사고조사에 대한 업무는 국토교통부 산하기관인 국토안전관리원이 수행하고 있으며, 사고조사에 대한 총괄을 국토안전관리원의 본사 사고조사실에서 수행하고 있다. 사고조사실은 재난안전본부 소속으로 총 6명이 소속되어 있으며, 수도권지사, 중부지사, 강원지사, 영남지사, 호남지사 등 5개 지사에서 2인 1조로 초기현장조사를 수행하고 있다. 다음 <그림 2.14>는 국토안전관리원 조직도상의 사고조사실 현황이다.

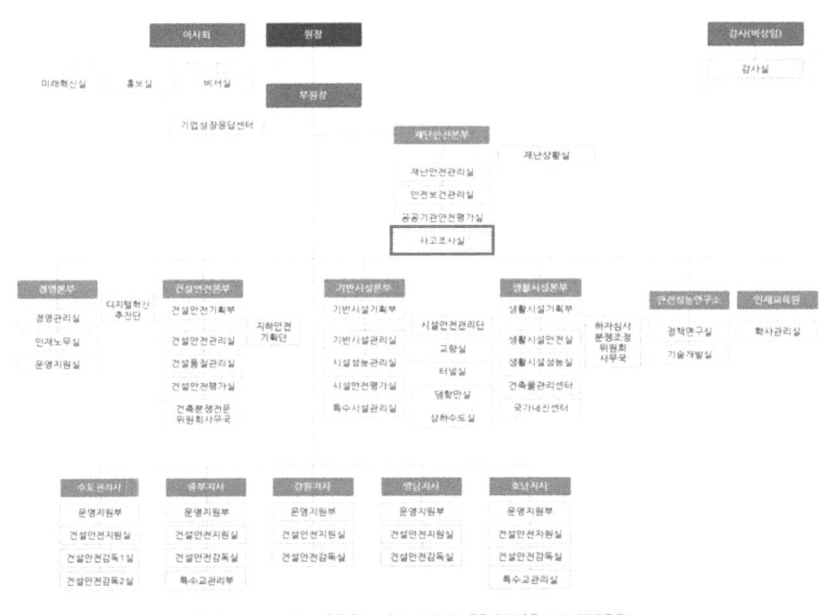

그림 2.14 국토안전관리원 조직도상 사고조사실 현황(2022년 10월 기준)

제 3 장

해외사례 및 시사점

3.1 영국 건설사고 조사체계 현황

3.2 일본 건설사고 조사체계 현황

3.3 싱가포르 건설사고 조사체계 현황

3.4 해외사례 시사점

제3장 해외사례 및 시사점

'20년 기준 우리나라 건설업 사망자는 총 458명이며, 사망만인율은 2.00에 달한다(고용노동부 산재예방정책과, '21. 4.). 이에 비해 영국은 '20년 기준 사망자 39명, 사망만인율 0.18이며 일본은 사망자 258명, 사망만인율 0.95('17년 기준) 그리고 싱가포르는 사망자 9명, 사망만인율 0.22에 이른다. 각 나라마다 건설사고 감축을 위한 노력은 크게 다르지 않지만, 건설사고 지표의 차이가 어떤 부분에서 기인하는지 그리고 우리나라에 적용할 수 있는 부분은 없는지 좀 더 자세하게 살펴볼 필요가 있다.

사고조사의 기본적 의의는 사고의 원인을 규명하여 동정 및 유사 사고의 재발을 방지하는데 있다. 이를 위해서는 정책, 제도적 기반 아래 체계화된 조사방법, 조직 및 운영이 이루어져야 한다. 건설사고 발생 시 신속한 조사, 분석, 검증 등의 결과를 환류하고 건설사고 예방을 위한 재발방지대책을 수립하여 건설사고 조사체계 개선방안을 마련하기 위해 해외 건설사고 조사체계 실태파악을 통한 벤치마킹 요소 도출이 필요하다.

해외 선진사례 조사를 위해 영국, 일본, 싱가포르에 대하여 관련 외부 전문가에게 해외 건설사고 조사체계에 대한 전반적인 내용에 대하여 아래와 같이 원고를 의뢰하였다.

- 정책·제도 및 조직/교육 사례
  - 건설안전 사고조사 정책 및 제도(법, 규정 등) 사례
  - 건설안전 사고조사 조직 사례
  - 사고조사반 사례, 교육 사례
- 사고조사 방법 및 환류 사례
  - 건설안전 사고조사 방법 및 절차 사례
  - 사고조사 결과 환류 및 재발방지대책 사례
- 사고조사 장비 및 시스템 사례
  - 건설사고 조사시활용 장비 사례
  - 건설사고 조사 및 관리 등 유사시스템 사례

3.1 영국 건설사고 조사체계 현황

영국 건설사고 조사체계에 대한 조직/인력 등의 운영체계와 사고조사 분류체계/기준 등의 분석체계에 대하여 제시하였다.

3.1.1 건설사고 조사 운영체계

가. 보건안전청(HSE : Health and Safety Excutive)

우리나라의 국토안전관리원 같은 건설사고에 대한 총괄 기관은 보건안전청(HSE : Health and Safety Excutive)으로 영국(UK)의 건설안전을 포함하여 산업현장에서의 보건·안전의 장려, 규제, 집행 등을 담당하는 정부의 공공기관이다. 「산업안전보건법(Health and Safety at Work etc. Act 1974)」에 의거하여 설치하였으며, 특정한 정부부처에 속하지 않는 공공기관(non-departmental public body)이고, 노동연금부(Department for Work and Pensions)의 출연을 받아 운영된다. 민간·공공부문에 걸친 거의 모든 산업분야에서의 보건·안전에 대한 규제를 담당하며, 여기에는 건설분야가 포함되어 있다.

보건안전 관계법령들의 목표와 내용들이 작동할 수 있도록 장려, 지도, 지원을 하며, 보건안전 문제를 담당하는 HSE의 업무 및 기능과 관련된 연구 및 출판, 교육훈련, 정보 등을 제공하고 장려한다. 또한, 정부부처, 사업자(고용주), 종사자, 관련기관 등에게 정보제공 및 자문과 보건 및 안전 관련 규제의 제안, 보건안전 사고(산업재해)의 조사와 관련해서는 일부 중요한 사고유형에 대해 신고를 받거나 사고조사를 통해서 실체와 원인을 파악하고 필요한 강제적 조치(개선, 금지 등)를 집행한다.

나. 보건안전 조사관(Inspector)

건설사고의 조사와 관련해서 반드시 언급해야 할 것이 HSE의 보건안전 조사관(inspector)의 역할이다. 건설업체에 적용되는 안전·보건 관계법령은 보통 HSE의 조사관에 의해 강제된다. 그러나 옥내에서 이루어지는 소규모 작업에 대한 안전·보건관리는 지자체의 조사관 책임하에 있다. 보건안전 조사관의 임무 중의 하나는 현장에서 재해위험요인이 얼마나 잘 다루어지고 관리되고 있는지를 관찰·조사하는 것이며, 특히, 손상(injury)이나 보건문제를 야기할 수 있는 사항들을 중심으로 하며, 산업현장에서 발생한 사고나 근로자 불만사항 등도 조사한다. 조사관은 사전고지 없이 공사현장을 출입할 수 있으며,

현장의 모든 사람들은 조사관이 현장을 둘러보기 전에 신분을 확인할 수 있으며, 조사관은 도움과 조언을 주기 위해 현장에 있는 것이다. 특히, 관련 업무지식이 충분하지 않은 소규모 건설업체에게는 큰 도움이 될 수 있다. 조사관에 대해 불만사항이나 이의가 있으면 HSE에 제기하거나 신고할 수 있다.

조사관은 보건안전을 위한 광범위한 권한을 갖고 있다. 현장출입, 근로자 및 대표자와의 대화, 사진촬영, 샘플수집 등 현장점검을 하거나 근로자의 협조의무 및 질문에 대한 답변, 안전보건 관련 캠페인, 지도, 자문, 교육, 안전·보건과 관련하여 작업이 시정되거나 중단되어야 할 조치사항 고지(notice), 고지된 사항에 대해 해당업체는 이의를 제기할 수 있으며, 이의제기가 처리되기까지 고지된 사항의 이행은 보류된다.

또한, 국토안전원의 초기현장조사 인원 또는 사고조사실과 같은 역할로 사고 발생시 조사와 사고의 수사 및 진술서 확보 등을 수행하며, 안전·보건 관계 법령을 위반한 기업 또는 개인에 대한 기소권한을 가진다. 다음 <그림 3.1>은 영국 보건안전청 웹사이트 메인화면이다.

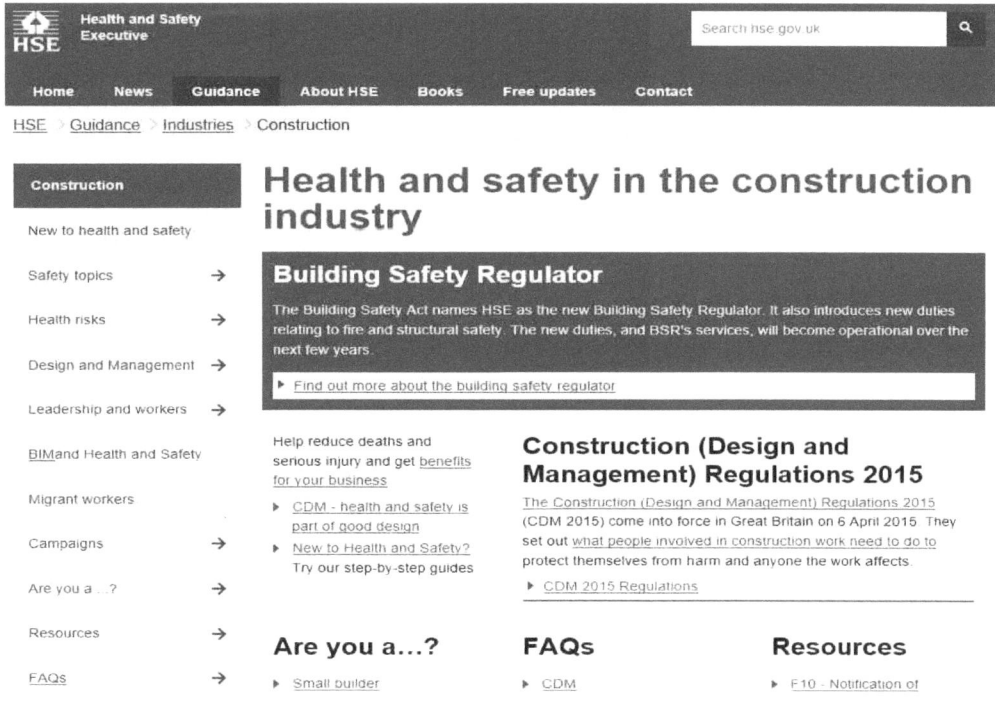

그림 3.1 영국 보건안전청(HSE) 웹사이트 메인화면

다. 건설사고에 대한 정보제공

우리나라의 건설사고 안전관리 종합정보망(CSI)과 유사한 형태의 별도 정보시스템은 운영하지 않고, HSE 홈페이지를 통해 관련 정보를 제공하고 있다. 건설현장을 비롯하여 사업장의 안전보건 관리, 사건·사고, 각종 강제조치(개선, 금지 등), 소송 진행정보, 관계 법령, 지침, 매뉴얼, 연구보고서 등 각종 정보를 인터넷 등 온라인과 오프라인에 걸쳐 제공 중이다. 건설사고를 포함하여 업무상 발생한 사건·사고와 관련해서는 사망, 부상, 질병 등을 유발한 사건·사고에 관한 각종 통계 및 사례, 사고조사 분석결과, 보건안전을 위하여 내려진 각종 강제조치(개선, 금지 등)가 내려진 사업장 및 조치내용, 기소된 사업장 및 혐의·처벌 등의 정보를 조회할 수 있다. RIDDOR(Reporting of Injuries, Diseases and Dangerous Occurrences Regulations) 규정에 따라 신고된 사건·사고 DB를 실시간 검색할 수 있는 기능을 제공하지는 않으며, 신고된 사건·사고의 통계자료를 웹페이지, PDF, 엑셀 등의 형태로 제공한다. 실시간 DB 검색은 HSE에 의해 강제조치가 내려진 사업장 및 세부내역, HSE에 의해 기소된 사업장 및 세부내역에 대해서만 가능하다.

특히, 사건·사고정보의 핵심적인 데이터 기반은 RIDDOR 제도에 의거하여 HSE 등에 신고된 사건·사고 자료이며, 영국에서는 RIDDOR 1995 규정에 따라 일정 요건에 해당하는 사건·사고는 의무적으로 HSE에 신고해야 해야 하고, 일부 경미한 사건·사고는 지방정부에 신고해야 한다. 건설사고와 관련된 거의 모든 조사와 정책적·기술적 연구들은 RIDDOR 원자료(raw data)를 활용하며, 다음 <그림 3.2>는 엑셀형태의 RIDDOR에 신고된 사고 통계정보 사례이다.

그림 3.2 RIDDOR에 신고된 사고 통계정보 사례(엑셀(Excel)형태)

제 3장 해외사례 및 시사점

또한, 기업 및 일반인에게 정보를 제공하는 것과는 별개로 기업운영정보시스템(COI: Corporate Operational Information System)을 구축하여 정보를 제공하고 있다. COI는 별도 설치해야 하는 시스템으로 일반인이 접근할 수 없으며, COI에 포함한 정보 또는 기능은 약 325,000개의 기업 및 사업장의 정보와 건설사고를 포함하여 RIDDOR에 신고된 사건·사고 데이터, 안전점검 및 사건·사고조사의 상세정보, 일반시민들에 의해 제기된 보건·안전 문제에 대한 상세정보, HSE가 발부한 조치 및 기소 사안에 대한 상세정보, 기타 사업체 보건·안전과 관련된 정보가 있다. 마지막으로 건설사고에 대한 정보는 영국의 공공데이터 포털(https://data.gov.uk/)에서도 제공하고 있다. 다음 <그림 3.3>은 영국의 공공데이터 포털 화면이다.

그림 3.3 영국의 공공데이터 포털(https://data.gov.uk/)

3.1.2 건설사고 조사 분석 체계

영국의 건설사고 관련 건설사고 조사체계와 사건·사고의 유형 분류, 사건·사고의 발생 가능성 및 피해유형 분류, 사건·사고의 원인 분류 등 사고조사 분류체계와 기준에 대해 제시하였다.

가. 건설사고 조사체계

영국의 제도에서는 건설사고에 한정된 별도의 사고조사체계가 존재하지는 않으며, HSE의 감독하에 다양한 산업재해의 일환으로 건설사고도 포함하고 있다. 사고조사(Accident Investigation)라 함은 두 가지가 있는데, 사고가 발생한 사업체 차원에서 이루어지는 것과 관계법령에 따라 신고를 받은 사고에 대해서 조사의 필요성이 있는 사고를 대상으로 HSE 차원에서 이루어지는 것이 있다. 다음 <그림 3.4>는 영국의 사고조사 체계이다.

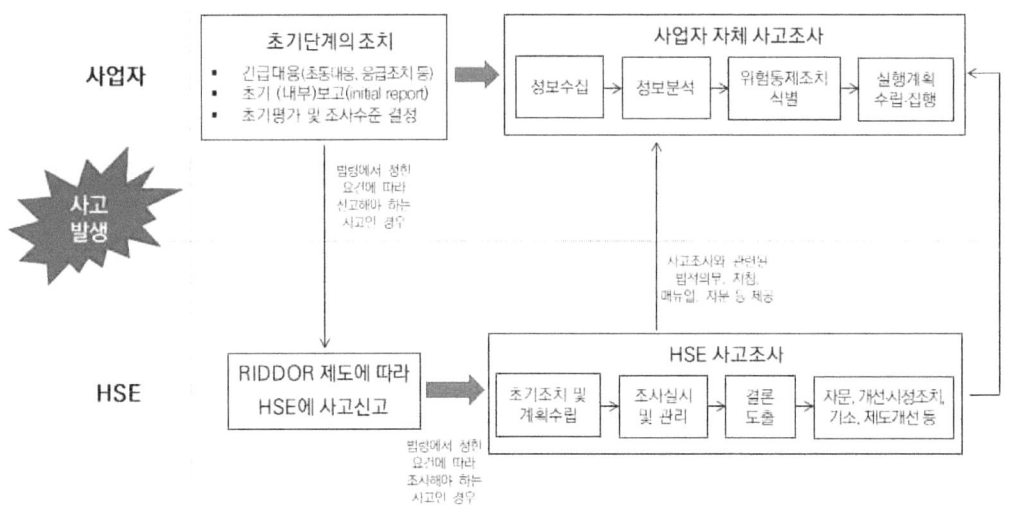

그림 3.4 영국의 사고조사 체계

1) 사업자 입장에서의 사고조사

사업자 차원에서 작업과 관련된 다양한 위험을 이해하고 문제의 원인을 파악함으로써 정보와 식견을 얻고, 사고의 재발방지 및 예방을 위한 조치(업무 및 위험관리 개선)를 마련하기 위해 사고조사를 실시한다. 효과적인 사고조사는 정보수집 및 분석에 대한 방법론과 구조화된 접근 필요하며, 사고조사를 통해 발견된 사항들은 재발하지 않도록 계획을 수립하고 전반적인 위험관리를 개선하는데 기초를 제공한다.

법적인 의무로 발견된 사항들을 검토되어야 하는 위험평가의 영역에 활용해야 한다. 사고를 조사해야 할 필요성은 명백한 한편, '아차'사고(near miss)와 바람직하지 않은 상황(undesired circumstance)을 조사하는 것 또한 유용한다. 다치거나 피해를 입은 당사자나 가족들을 다루거나 범죄 및 소송부담이 없기 때문에 진실을 밝히는데 더욱 효과적이다.

사고를 조사하는 주체로 관리자 및 근로자가 충분히 참여하는 것이 필수이며, 감독자, 관리자, 보건 및 안전 전문가, 노동조합 안전담당 대표, 종사자 대표 등이 참여한다. 사고조사 착수시점은 해당 사고위험의 규모 및 시급성에 따라 다르며, 일상적인 업무와 연관된 중대 사고 등 위해사건(adverse event)은 가급적 신속하게 조사되고 분석되어야 한다.

2) HSE 입장에서의 사고조사

HSE는 보건안전문제와 관련하여 현장에 도움과 조언을 주거나 건설사고의 진상을 조사하고 필요한 조치를 취하거나 형사적으로 기소를 해야하는 입장이기 때문에 별도 사고조사를 실시하거나 사업체의 사고조사에 직·간접적으로 간여한다.

HSE는 조사의 필요성이 있는 일부 사고에 대하여 조사를 하는데, 이는 사고의 발생원인(직접적인 원인과 근저의 원인)을 판단하고 사고로부터 교훈을 얻으며 관계 법령 위반 사항을 파악한다. 또한, 사고의 재발방지를 위해 의무자(사업주 등)에게 필요한 소지(금지, 시정, 개선 등)와 필요한 경우, 해당 사고에 대해 형사적으로 기소를 하기 위한 증거자료를 수집한다.

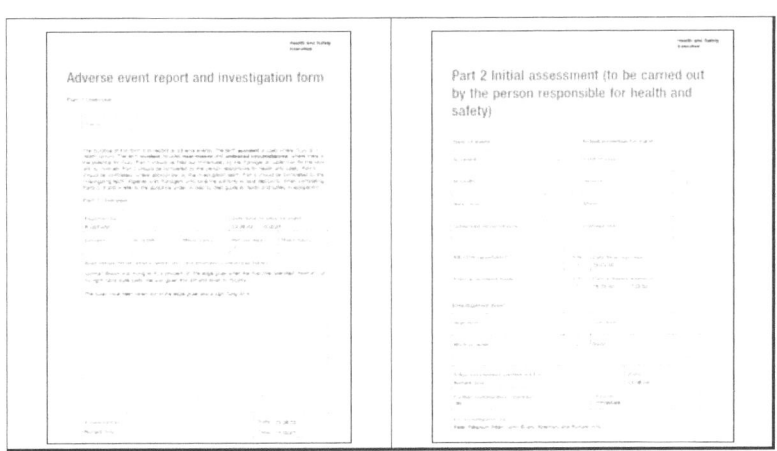

그림 3.5 HSE 사고조사 작성양식

3) RIDDOR 사고신고 제도

RIDDOR(Reporting of Injuries, Diseases and Dangerous Occurrences Regulations 1995) 규정에 따라 사업주 등(사업장 장소를 통제하는 사람 포함)은 업무와 연관된 특정한 사고(사망, 심각한 부상, 질병 등) 및 특정 위험한 사건(dangerous occurrence)에 대해 보건안전 감독기관인 HSE 등에 사고정보를 신고해야 할 의무가 있다. 일부 소규모 사업장의 사고는 지방정부에 신고하며, 철도관련 사고는 철도규제청(Office for Rail Regulation)에 신고한다.

사업장을 누가 통제하는가는 상관없으며, 자영업자도 신고의무가 있고, 종사자가 아닌 일반인의 손상이 관련되는 사고도 신고 대상이다. 일반적으로 사망, 심각한 부상, 특정한 위험한 사건에 대해서는 즉시 신고해야 하며, 덜 심각한 부상에 대해서는 10일 이내에 신고해야 한다. 특정한 직업적인 보건상의 문제나 질병에 대해서도 신고해야 하며, 만약 원수급자(principal contractor)가 정해졌다면, 원수급자가 RIDDOR에 따라 신고해야 하는 사고, 질병, 위험한 사건 등의 세부사항을 신속히 신고해야 한다.

신고를 받은 HSE 등 감독기관은 어떤 사고가 언제 어디에서 발생했는지를 파악함과 함께 사고조사를 할 필요가 있는지를 판단하게 된다. 또한, 신고된 사고를 통해서 재발방지 및 예방을 위해 어떤 자문이나 조치가 필요한지를 알 수 있다. 사고신고 시점은 '중대한(major)' 또는 '치명적(fatal)' 사고는 지체없이 즉시 신고하며, 통상적으로 유선전화로 신고하고 즉시 신고 후 10일 이내에 사고신고 양식을 작성하여 통보한다. 덜 중대한(less major) 사고(3일 이상 정상적인 업무를 수행할 수 없는 부상)에 대해서는 10일 이내에 사고신고 양식 작성하여 통보해야 한다.

건물, 공사장의 비계·가설물, 철거공사 등의 붕괴, 크레인이나 리프트의 전복·전도, 공중 전기선로 접촉사고 등 현장에서의 위험한 사건(dangerous occurrence)은 지체없이 즉시 신고한다. 앞선 사고사례와 동일하게 즉시 신고 후 10일 이내에 사고신고 양식을 작성하여 통보한다.

근로자가 업무와 연관된 손·팔 떨림, 피부질환 등 특정한 질병을 앓게 되는 경우에 대해서도 사고신고 양식을 작성하여 통보한다. 사망사고 등에 대해서는 경찰이 책임이 있기 때문에 경찰에도 즉시 신고해야 한다.

단, 사업장에서 발생하는 모든 사고가 신고대상은 아니며, 업무와 연관된 사고로서 RIDDOR 규정에 따른 신고대상 사고에 한정되며, 다음 <표 3.1>과 같다. 신고대상 사고는 손상, 업무상 질병, 위험한 사건, 가스 관련 사건이며, 손상은 사망, 특정손상, 7일 이상의 부상, 근로자가 아닌 사람의 손상으로 구분된다.

표 3.1 RIDDOR 제도에 따른 의무적 신고 대상 사고의 유형

구 분		조사대상
손상	사 망	·업무와 연관된 사망사고 - 근로자가 아닌 사람의 사망, 폭력에 의한 사망 포함, 업무와 연관된 사고에 의하지 않은 자살 및 사망 제외,
	'특정손상' (Specified Injury)	·골절(손가락, 발가락 제외) ·절단(팔, 손, 손가락, 다리, 발, 발가락) ·영구적인 실명 또는 시력저하 ·내부조직의 손상에 이른 압손상 ·심각한 화상(신체 표면의 10% 이상을 차지하거나 눈, 호흡기계, 생명유지관 등에 피해를 유발하는 화상) ·병원치료를 요하는 머리손상 ·머리손상이나 질식에 의해 유발된 의식상실 ·폐쇄된 공간에서 작업을 함으로써 저체온증이나 열에 의한 질병에 이르게 되어 심폐소생이나 24시간 이상 입원이 필요한 손상
	7일 이상의 부상	·종사자나 자영업자가 연속 7일 이상(사고당일 미포함) 직장을 떠나있어야 하거나 정상적인 업무를 수행할 수 없는 경우
	근로자가 아닌 사람의 손상	·일반공중 등 근로종사자가 아닌 사람이 업무와 관련하여 부상을 당한 경우 신고해야 하며, 사건현장에서 병원으로 이송조치해야 함 - 어떤 병원치료가 이루어졌는지에 대한 명확한 요건이 없으며, 부상이 없는 것이 명백하지만 순전히 예방적 조치로 병원에 이송된 경우는 신고할 필요 없음
업무상 질병		·손목터널증후군(Carpal Tunnel Syndrome) ·손이나 팔뚝의 경련 ·업무상 발생한 피부염 ·손팔진동증후군(Hand Arm Vibration Syndrome) ·업무상 발생한 천식 ·팔에 생기는 힘줄염증이나 건초염 ·업무상 발생한 암 ·생물학적 매개체에 업무상 노출되어 발생한 질병
위험한 사건 (dangerous occurrence)		·직접적인 인명피해가 없지만 재산피해나 공공적 영향이 큰 특정한 재난·사고 유형으로서 대부분의 사업장에서 발생 가능 - 붕괴, 화재, 폭발, 충돌 등을 포함한 27개 범주가 있음 - 건설공사장에서 발생할 수 있는 붕괴(예: 철거, 가설물), 건설기계(예: 크레인)의 전복·전도 등 포함
가스 관련 사건		·가스시설과 관련하여 설계, 건설, 설치, 변경, 공급 등과 연관되어 발생한 사건 - 가스누출 - 적절하지 않은 가스연소 - 가스연소에 따른 부산물의 적절하지 않은 제거

※ 병원·치과 관련, 군사상의 의무 관련, 특정 요건에 해당하지 않은 도로교통사고 등은 신고대상에서 제외

사고 신고는 온라인(online)과 전화를 통해서 할 수 있으나, 사고의 유형과 심각성에 따라 신고방식에 차이가 있으며, 사고신고 양식은 HSE 웹사이트나 HSE 지역사무소에서 제공한다. RIDDOR에 따라 작성된 신고사항은 기록으로 보존하며, 신고양식 복사본 만들기, '사고기록부(accident book)'에 사건 기록하기, 사건 정보 디지털화로 보존한다. 기록에 포함할 필수적인 내용은 신고일시 및 방법, 사고의 발생일시 및 장소, 관련자 인적사항, 사고의 개요 등이다. 다음 <그림 3.6>은 RIDDOR 사고신고 양식 현황이다.

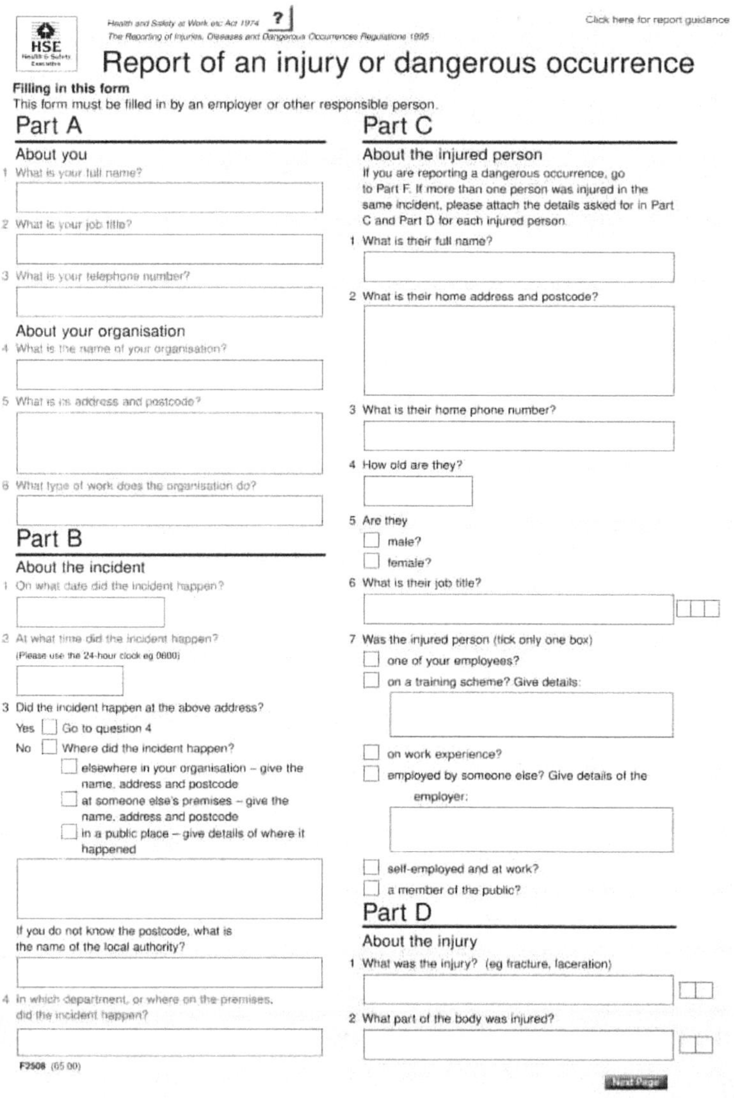
HSE Health & Safety Executive

Health and Safety at Work etc Act 1974
The Reporting of Injuries, Diseases and Dangerous Occurrences Regulations 1995

Click here for report guidance

Report of an injury or dangerous occurrence

Filling in this form
This form must be filled in by an employer or other responsible person.

Part A

About you
1 What is your full name?
2 What is your job title?
3 What is your telephone number?

About your organisation
4 What is the name of your organisation?
5 What is its address and postcode?
6 What type of work does the organisation do?

Part B

About the incident
1 On what date did the incident happen?
2 At what time did the incident happen? (Please use the 24-hour clock eg 0600)
3 Did the incident happen at the above address?
Yes ☐ Go to question 4
No ☐ Where did the incident happen?
☐ elsewhere in your organisation – give the name, address and postcode
☐ at someone else's premises – give the name, address and postcode
☐ in a public place – give details of where it happened

If you do not know the postcode, what is the name of the local authority?
4 In which department, or where on the premises, did the incident happen?

F2508 (05 00)

Part C

About the injured person
If you are reporting a dangerous occurrence, go to Part F. If more than one person was injured in the same incident, please attach the details asked for in Part C and Part D for each injured person.
1 What is their full name?
2 What is their home address and postcode?
3 What is their home phone number?
4 How old are they?
5 Are they
☐ male?
☐ female?
6 What is their job title?
7 Was the injured person (tick only one box)
☐ one of your employees?
☐ on a training scheme? Give details:
☐ on work experience?
☐ employed by someone else? Give details of the employer:
☐ self-employed and at work?
☐ a member of the public?

Part D

About the injury
1 What was the injury? (eg fracture, laceration)
2 What part of the body was injured?

Next Page

그림 3.6 RIDDOR 사고신고에 사용되는 양식 사례

제 3장 해외사례 및 시사점

4) 사고조사 절차

영국의 사고조사는 사고 직후 초기보고에서부터 사고조사의 단계별로 작성되어야 할 사항들에 대해 질문방식의 작성양식을 제공하여 입력하도록 하여 절차에 따라 원인을 파악하고 필요한 조치들이 도출될 수 있도록 한다. 사고조사 절차는 총 4단계로 (1단계)정보수집-(2단계)정보분석-(3단계)적절한 위험통제 조치 도출-(4단계)위험통제 실행계획 및 집행으로 구성된다.

1단계 정보수집은 어떤 사건이 발생했고, 어떤 상황인지에 대한 정보를 수집하는 단계로 가급적 신속하게 정보를 수집하도록 하며, 질문항목은 사건현장, 일시, 인적피해현황, 사건경위, 17개로 구성된다. 2단계 정보분석은 위해 사건 및 인과요인 분석 등 방법론, 체크리스트를 통한 원인분석 등으로 정보를 분석하며, 질문항목은 1개로 구성된다. 3단계 적절한 위험통제 조치 도출은 다수의 위험통제 조치에 대한 우선순위를 부여하는 단계로 3가지 질문항목으로 구성된다. 마지막 4단계 위험통제 실행계획 및 집행 단계는 2개의 질문항목으로 구성되며, 위험통제를 위한 향후 실행계획 또는 집행 방향에 대해 질문한다. 다음 <표 3.2>와 <표 3.3>은 영국의 사고조사 절차 단계별 내용과 질문항목 현황이다.

표 3.2 영국의 사고조사 절차 단계별 내용

단 계	내 용

(1단계)
정보수집
	• 어떤 사건이 발생했고, 어떤 조건과 행동이 부정적인 사건에 영향을 미쳤는지 밝힘
	• 가급적 신속하게 정보를 수집
	  - 사건현장이 훼손되는 것(예: 물건의 이동, 경비원 교체 등) 방지
	  - 필요한 경우, 작업중지, 접근제한 등
	  - 사건현장 가까이 있는 모든 사람들에게 알림
	• 정보수집에는 다음 사항들도 포함
	  - 의견, 경험, 관찰치, 스케치, 측정치, 사진, 체크리스트, 환경적 조건, 작업허가사항(permits-to-work) 및 상세 등

(2단계) 정보분석	• 정보분석을 위해 사건 및 인과요인 분석(Events and Causal Factors Analysis) 등 방법론이 개발됨 • 체크리스트/질문을 통한 원인분석 등
(3단계) 적절한 위험통제 조치 도출	• 위험통제조치가 다수일 경우에는 우선순위 부여 • 주관부서 및 담당자, 추진일정 등 작성
(4단계) 위험통제 실행계획 및 집행	• 위험통제를 위한 실행계획 또는 집행 등

표 3.3 영국의 사고조사 절차 단계별 질문항목

단 계	질문항목
(1단계) 정보수집	1. 어디에서 언제 사건이 발생했는가? 2. 누가 죽거나 다치거나 질병이 있는가? 혹은 누가 사건에 관련되어 있는가? 3. 어떻게 사건이 일어났는가? 4. 사건 당시 어떤 작업이 수행되고 있었는가? 5. 작업조건에 평소와 다른 어떤 것이 있었는가? 6. 적절한 안전한 작업절차체계가 있었고, 이를 준수했는가? 7. 혹시 있다면, 어떤 손상이나 보건상의 영향이 야기되었는가? 8. 손상(injury)이 있다면, 어떻게 일어났고 무엇이 원인인가? 9. 해당 위험은 알려진 위험인가? 그렇다면, 왜 통제되지 못했는가? 그렇지 않다면, 왜 알려지지 않았는가? 10. 작업을 위한 조직 및 배치방식이 사건에 영향을 미쳤는가? 11. 작업현장의 유지관리 및 청소는 충분했는가? 그렇지 않다면, 왜 그런지 설명하라 12. 관련된 사람들은 숙련되고 작업에 적합한 사람들이었는가? 13. 작업장의 물리적 환경의 조건(layout)이 사건에 영향을 미쳤는가? 14. 다루는 물건이나 재료의 속성 또는 형태가 사건에 영향을 미쳤는가? 15. 장치 및 장비를 다루기 어려운 문제가 사건에 영향을 미쳤는가? 16. 안전장비는 충분했는가? 17. 기타 어떤 조건이 사건에 영향을 미쳤는가?
(2단계) 정보분석	18. 무엇이 직접적인(immediate), 근저의(underlying), 근본적인(root) 원인인가?
(3단계) 적절한 위험통제 조치 도출	19. 어떤 위험통제조치가 필요하며 추천될 수 있는가? 20. 유사한 위험이 다른 곳에서도 존재하는가? 그렇다면, 어떤 것에? 어디에? 21. 비슷한 사건이 이전에도 일어났는가? 상세정보 제공
(4단계) 위험통제 실행계획 및 집행	22. 위험성평가(risk assessment) 및 안전한 작업절차가 검토되고 개정될 필요가 있는가? 23. 사건의 세부내용 및 조사를 통해 밝혀진 사항들이 기록되고 분석되었는가? 추가적인 조사가 필요함을 시사하는 어떤 경향이나 공통된 원인이 있는가? 사건으로 인해 얼마나 비용이 드는가?

나. 건설사고 분류체계

영국의 건설사고 분류체계에 대한 현황 파악에 앞서 안전·보건에 관련된 주요 용어를 이해하고 해당 분류체계에 대한 파악이 필요하다. 사건·사고의 피해유형, 사건·사고의 발생 가능성, 사건·사고의 원인에 대한 분류체계를 우선 이해하고 건설사고 원인분류체계에 대해 제시하였다.

1) 안전·보건에 관련된 주요 용어 및 분류체계

(가) 사건·사고의 유형 분류

영국은 부정적인 사건 또는 위해사건(adverse event)에 대한 유형을 분류하고 있다. 크게 사고(accident), 사건(incident), 위험한 사건(dangerous occurrence)으로 구분하며, 사건은 '아차' 사건과 바람직하지 않은 상황으로 분류하고 있다. 사고는 사망, 부상, 질병을 초래한 사건을 의미하며, '아차'사건은 사망, 부상, 질병을 초래하지는 않았지만 초래할 뻔한 잠재적으로 위험한 사건을 의미한다.

바람직하지 않은 상황은 손상이나 질병을 야기할 잠재성을 가진 일련의 조건 또는 상황을 말한다. 또한, 위험한 사건은 사고신고에 대한 RIDDOR 규정에 의거하여 HSE에 신고해야 하는 특정한 재난이나 위해사고를 의미한다. 다음 <표 3.4>는 사건·사고의 유형에 따른 분류체계이다.

표 3.4 사건·사고의 유형 분류

구 분		설 명	비 고
사고(accident)		- 사망, 부상, 질병을 초래한 사건	-
사건 (incident)	'아차'사건 (near miss)	- 사망, 부상, 질병을 초래하지는 않았지만 초래할 뻔한 잠재적으로 위험한 사건	-
	바람직하지 않은 상황 (undesired circumstance)	- 손상이나 질병을 야기할 잠재성을 가진 일련의 조건 또는 상황	- 위험한 건설기계를 다루는 훈련되지 않은 근로자
위험한 사건 (dangerous occurrence)		- 사고신고에 대한 RIDDOR 규정(Reporting of Injuries, Diseases and Dangerous Occurrences Regulations 1995)에 의거하여 HSE에 신고해야 하는 특정한 재난이나 위해사고	- 건물·비계·가설물의 붕괴, 크레인 전복 등

(나) 사건·사고의 발생가능성/조사수준 및 피해유형 분류

사건 및 사고에 대한 재발 가능성(likelihood)에 따라 확실(certain), 자주(likely), 가능(possible), 드묾(unlikely), 희박(rare)의 5가지로 구분한다. 재발 가능성을 고려하여 사고에 대한 조사 수준을 결정하는데 있어, 위험도 매트릭스인 다음 <표 3.5>를 참고한다.

표 3.5 사고 조사수준 결정을 위한 위험도 매트릭스

발생가능성	잠재적인 최악의 결과			
	경미(Minor)	심각(Serious)	중대(Major)	치명적(Fatal)
확실(Certain)				
자주(Likely)				
가능(Possible)				
드묾(Unlikely)				
희박(Rare)				

위험도	최소(Minimal)	낮음(Low)	보통(Medium)	높음(High)
조사수준	최소수준	낮은 수준	중간 수준	높은 수준

사고에 대해 잠재적인 최악의 결과(worst consequences)를 고려하며, 사고조사의 규모를 결정하는데 참고하여 필요하다면 누가 조사를 수행해야 할지, 요구되는 자원은 무엇인지 등을 결정한다. 다음 <표 3.6>은 사고조사의 수준 및 목적이다.

표 3.6 사고 수준별 조사수준

구 분	조사수준
최소(Minimal) 수준	- 감독자 중심의 경위 확인, 장래에 이러한 사건이 재발하지 않도록 교훈을 얻음
낮은(Low) 수준	- 감독자, 관리자가 상황파악 및 간단한 사고원인 조사, 사건의 재발을 막고 교훈을 얻음
중간(Medium) 수준	- 감독자, 관리자, 보건·안전 자문위원, 근로자 대표 등에 의해 보다 상세한 조사를 수행하고 사건의 직접적인 원인, 근저의 원인, 그리고 근본원인을 규명
높은(High) 수준	- 감독자, 관리자, 보건·안전 자문위원, 근로자 대표를 포함한 팀기반의 합동조사, 고위 책임자의 지도·감독 하에 이루어지며, 사건의 직접적인 원인, 근저의 원인, 그리고 근본원인을 규명

피해유형에 따른 분류는 사망 등 치명적(fatal) 사고, 중대한(major) 손상 및 질병, 심각한(serious) 부상, 경미한(minor) 부상, 인명피해 이외의 피해만 있는 경우(damage only)로 구분된다. 중대한 손상 및 질병은 손가락, 발가락 제외한 골절, 절단, 실명, 화상, 눈 관통상 등 의식불명에 이르는 부상이나 질병과 인공호흡 또는 24시간 이상 입원이 필요한 상황을 의미한다. 심각한(serious) 부상 및 질병은 3일 이상 정상적인 업무를 수행할 수 없는 경우를 말하며, 경미한(minor) 부상은 3일 미만 정상적인 업무를 수행할 수 없는 경우를 의미한다. 인명피해 이외의 피해만 있는 경우(damage only)는 재산, 장비, 환경, 제품 등의 손실만 있는 경우를 말한다.

2) 건설사고 원인 분류체계

영국의 건설공사에 대한 유형은 주로 석유화학, 발전, 중공업 관련 건설공사 등 건설엔지니어링과 도로, 철도, 교량 등 토목, 비주거용 빌딩 등 주요 건축물, 주택으로 구분된다.

인명피해를 유발한 건설사고의 유형으로는 추락, 미끄러짐, 헛디딤, 낙상, 무언가를 다루거나, 올리거나, 운반하다가 다침, 비산물·낙하물 사고, 이동하는 차량에 부딪힘, 감전, 전복·전도되는 무언가에 의해 갇힘, 고정된 무언가에 부딪힘, 움직이는 기계와 접촉, 기타 우발적인 사고로 구분된다. RIDDOR 신고자료에 따르면, 영국에서는 추락, 미끄러짐, 헛디딤, 낙상, 비산물·낙하물 사고가 가장 큰 비중을 차지한다.

건설사고 원인에 대한 3가지 층위(hierarchy)는 사고 당시의 상황, 사고를 형성하게 된 요인(shaping factor), 사고의 발단이 된 근저의 영향요인(originating influence)으로 구분된다.

사고 당시의 상황, 사고를 형성하게 된 요인(shaping factor)는 근로자 요인, 대상지(공사장) 요인, 자재 및 장비 요인을 말하며, 사고의 발단이 된 근저의 영향요인(originating influence)은 설계, 시공, 사업관리, 안전보건관리체계 등을 의미한다. 다음 <그림 3.7>은 영국의 건설사고 원인의 3가지 층위를 의미한다.

건설사고 재해율 저감을 위한 해외 선진사례 조사 및 분석 연구

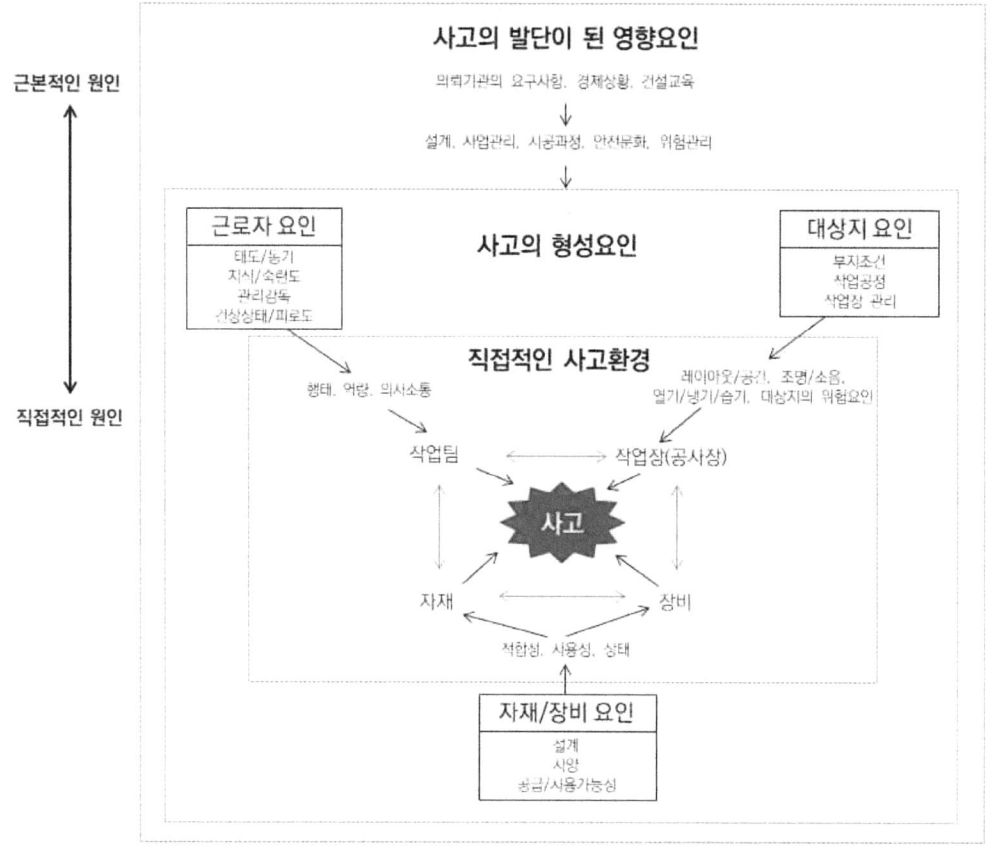

그림 3.7 영국 건설사고 원인의 3가지 층위

건설사고의 원인조사를 위한 주요 항목은 다음 <표 3.7>과 같으며, 먼저 사고 자체의 상황에 대한 조사를 토대로 하여 당해 사고를 유발한 원인으로서 근로자, 공사장, 자재 및 장비 측면에서 조사를 한다. 앞서 원인조사를 토대로 사고의 발단이 된 영향요인 또는 근저의 요인을 설계, 시공, 사업관리 등의 측면에서 조사한다.

표 3.7 건설사고의 원인조사를 위한 주요 항목

구 분	항 목	주요 세부항목
사고 당시의 상황	작업·활동 유형 및 관련 요소	·작업유형, 도구·장비·자재, 구조물 유형 ·사고장소(실내/실외, 지상/지하/층수/높이 등)
	사고 당사자 인적사항	·직책, 직위, 나이, 현장경력, 근무시간 ·초과근무시간, 출퇴근 소요시간 등
	사고일시, 기타	·시가, 요일, 월, 계절 등
사고의 형성요인	근로자 및 작업팀 관련 요인	·안전에 대한 인식 및 태도 ·동기부여, 보수(임금) ·관리감독 및 배치, 의사소통, 교육·훈련 ·건강상태, 근로시간
	작업장(공사장) 관련 요인	·공사현장의 레이아웃, 지반 또는 바닥의 상태 ·환경조건(날씨, 습도, 일조 등), 작업장 청소 및 정리상태 ·근로자 복리시설
	자재 및 장비 요인	·자재, 도구, 장비, 개인보호장구 ·자재 및 상비의 원활한 공급 어부
사고의 발단이 된 영향요인	공사의 설계내용	·설계변경 여부 및 내용 ·실시설계, 시방서 등의 상세정도 ·지하매설물 정보, 새로운 설계 또는 시공방법 여부
	사업관리	·공사 계약조건, 근로자 공급상황 ·작업공정 및 시간적 압박
	시공과정	·공정표, 안전문화, 안전에 대한 책임관계 ·안전 담당자·책임자 ·위험관리체계, 사고조사체계 ·사고에 대한 사후조치체계 ·협의·자문·참여 관련 장치

3.2 일본 건설사고 조사체계 현황

일본 건설사고 조사체계에 대한 조직, 시스템 등의 운영체계와 사고조사 분류체계/기준, 분석 현황 등의 분석체계에 대하여 제시하였다.

3.2.1 건설사고 조사 운영체계

일본의 건설업 사망자 수는 1991년 1,075명을 정점으로 대체로 감소 추세이며, 가장 적었던 2016년에는 277명이었다. 그러나 2018년 309명으로 소폭 증가하였다. 전체산업 대비 건설업의 사망자 비율은 30%~40% 정도이며, 지속적으로 사망자수는 감소하는 경향이 있지만 건설업의 사망자 수는 35% 내외의 높은 비율을 유지하고 있다. 다음 <그림 3.8>은 일본의 건설사고 발생 추이이다.

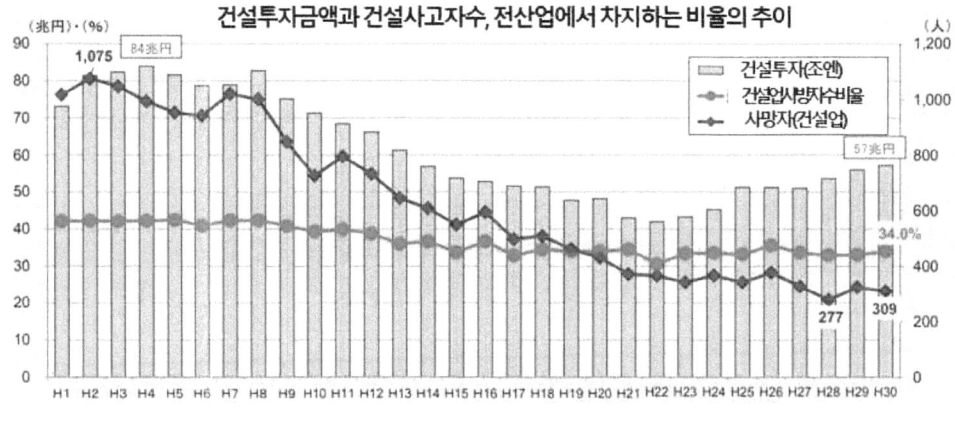

그림 3.8 일본의 건설사고 발생추이

일본 국토교통성에서는 1992년도에 '공공공사 발주 공사 안전대책 요강'을 책정하고 이를 바탕으로 1993년도에 '사고 데이터베이스 시스템'을 구축했다. 건설공사 사고 데이터베이스 시스템은 국토교통성이 통지한 내용에 따라 각 지방정비국·도도부현·정령지정도시·공단이 발주한 공공공사 중 일정 규모 이상의 사고가 발생한 공사에 대해 사고보고를 인터넷을 이용해 데이터베이스에 입력하게 하는 체계이다. 데이터베이스 시스템을 'SAS(Safety Analysis System)'라고 부르며, 데이터베이스에의 등록·관리 업무는 1996년도부터는 SAS센터가 설치되어 담당하고 있다. 수집된 데이터는 사고원인 규명 및 재발방지를 위한 대책마련하고 건설공사 사고를 줄여나가기 위하여, 건설공사사고대책검토위원회 등의 위원회에서 검토한 후 공사사고 방지를 위한 대책 입안 등에 이용하고 있다.

제 3장 해외사례 및 시사점

다음 <그림 3.9>는 SAS 시스템 홈페이지 화면이다.

그림 3.9 건설공사사고데이터베이스(SAS) 홈페이지

그간의 일본 정부의 다각적인 노력에도 건설업의 사망자가 전체 산업재해에서 약 35% 정도를 여전히 높은 수준을 유지하고 있고, 공사관계자 이외의 제3자에게 피해를 주는 이른바 공중재해도 자주 발생하고 있어 사회적 문제가 되고 있다. 이에 최근에 일본 정부에서는 AI기술 접목을 통하여 축척된 사고조사 보고서를 활용한 건설공사 사고예방 연구를 시도하고 있다.

3.2.2 건설사고 조사 분석체계

일본의 건설사고 관련 SAS시스템의 등록대상 건설공사 사고분류체계 및 절차, 사고요인 분류, SAS 데이터 분석 및 활용에 대해 제시하였다.

가. 건설사고 조사체계

일본의 건설사고 조사는 SAS시스템[1]을 통해 사고보고서를 작성 및 등록하도록 하고 있다. 우선 도급자인 원청은 공사 중에 사고가 발생한 경우, 즉시 감독원에게 통보하고 절차에 따라 정해진 양식을 작성하여 지시하는 기일까지 제출하도록 하고 있다. 건설공사의 사고분류는 노동재해, 상대방 책임 사고, 사상공중재해, 물손공중재해, 기타로 구분한다. 다음 <표 3.8>은 일본 건설공사의 사고 분류이다.

표 3.8 일본 건설공사의 사고 분류

사고분류	정 의	비 고
노동재해	- 공사작업장 및 인접구역에서 공사작업 또는 기자재·공장제품 수송작업에 기인해서 공사 관계자가 사망 또는 부상당한 사고 ※ 공사 작업장이란 ※ 인접 구역이란 : 공사 시행시 작업, 재료를 집적하거나 기계류를 두는 등 공사를 위하여 고정 또는 이동 울타리 등으로 명확히 구분하여 사용하는 구역 내를 말하며, 재자원화 시설, 기자재 거치장 등의 관련 시설을 포함 : 본래 공사작업장 밖에서의 작업은 금지되어 있으나 적절한 안전대책 하에 작업상 부득이 사용하는 공사작업장에 접속한 구역	중대 산업재해
상대방 책임 사고	- 공사구역에서 공사 관계자 이외의 제3자의 행위에 기인하여 공사관계자가 사망 또는 부상당한 사고 ※ 여기서, 부상은 휴업4일 이상의 부상을 말함	중대 산업재해
사상공중재해	- 공사 구역에서의 공사관계작업 및 수송작업에 기인하여 공사 관계자 이외의 제3자가 사망 또는 부상당한 사고 ※ 여기서, 제3자부상은 휴업4일 이상 또는 그에 상당하는 부상을 말함	중대 시민재해
물손공중재해	- 공사 구역에서의 공사관계작업 및 수송작업에 기인하여 공사 관계자 이외의 제3자의 자산에 손해를 끼친 사고로서 제3자의 사상으로 이어질 가능성이 높은 사고	-
기타	- 노동안전위생규칙 제96조 관계에서 보고가 정해져 있는 사고 등 사업장 또는 그 부속건물 내에서 화재 또는 폭발 사고, 기타 크레인, 곤돌라, 보일러 등에 관한 사고	중대 산업재해

---

[1] 국토교통성 건설공사사고데이터베이스 https://sas.hrr.mlit.go.jp/

1) 사고보고서 및 SAS 등록 절차

사고보고서는 제3자가 조사하여 작성하는 것이 아니라 발주자와 원청을 중심으로 작성하도록 하고 있다. 우선 사고발생 상황조서를 발주자가 작성하도록 하고 발주자와 원청이 각각 사고보고서를 각자의 입장에서 작성하도록 하고 있다.

발주자가 작성하는 사고발생 상황조서는 사고를 등록하기 위한 조서로 사고 발생 후 사고의 주요한 항목만을 기제하여 신속하게 SAS센터에 송신하기 위한 보고서이다. 이후 발주자 사고보고서는 발주자가 SAS 발주자 사이트에 로그인한 후 사고 일람표로부터 사고번호와 사고비밀번호를 이용해서 해당 사고기입 사이트에 로그인한 다음 사고를 상세하게 기입한다. 청부자는 사고번호와 사고비밀번호를 발주자로부터 받은 후 SAS시스템에 로그인하여 사고의 상세한 내용을 기입하고 발주자에게 송신한다. 다음 <표 3.9>는 사고보고서별 작성자 및 작성 절차이다.

표 3.9 일본 사고보고서별 작성자 및 작성 절차

보고서	작성자	절 차
사고발생 상황조서	발주자	- 사고를 등록하기 위한 조서로서, 발생 후 신속하게 발주자가 인터넷을 이용하여 SAS센터에 송신하며. 송신에 의해 사고번호와 사고 비밀번호가 취득 - 사고의 주요한 항목을 기제
발주자 사고보고서	발주자	- 발주자가 발주자사이트에 로그인한 후 사고 일람표로부터 사고번호와 비밀번호를 이용해서 해당 사고기입 사이트에 로그인한 다음 사고를 상세하게 기입
청부자 사고보고서	청부자	- 청부업자가 사고번호와 사고비밀번호를 발주자로부터 받은 후, 인터넷을 통해 로그인하여 사고의 상세한 내용을 기입하고 기입완료 후에는 발주자에게 송신

사고발생 시 발주자는 SAS시스템에 발주자 고유ID와 비밀번호로 입력하고 사고발생에 대한 상황조서를 작성하여 SAS에 송신한다. SAS시스템에서는 사고에 대한 판정 후 사고번호와 비밀번호를 발주자에게 송신하고 발주자는 사고번호와 비밀번호를 청부자에게 공유한다. 청부자는 사고번호와 비밀번호를 수신하여 수신한 사고번호로 로그인 후 보고서를 인쇄하고 수정이 필요한 부분에 대해 직접 수정 후 발주자에게 수정본을 송신한다. 발주자는 청부자 사고보고서를 확인하고 검토 후 사업 담당 과와 SAS시스템에 송신한다. 다음 <그림 3.10>은 일본 사고보고서 작성 및 제출 절차이다.

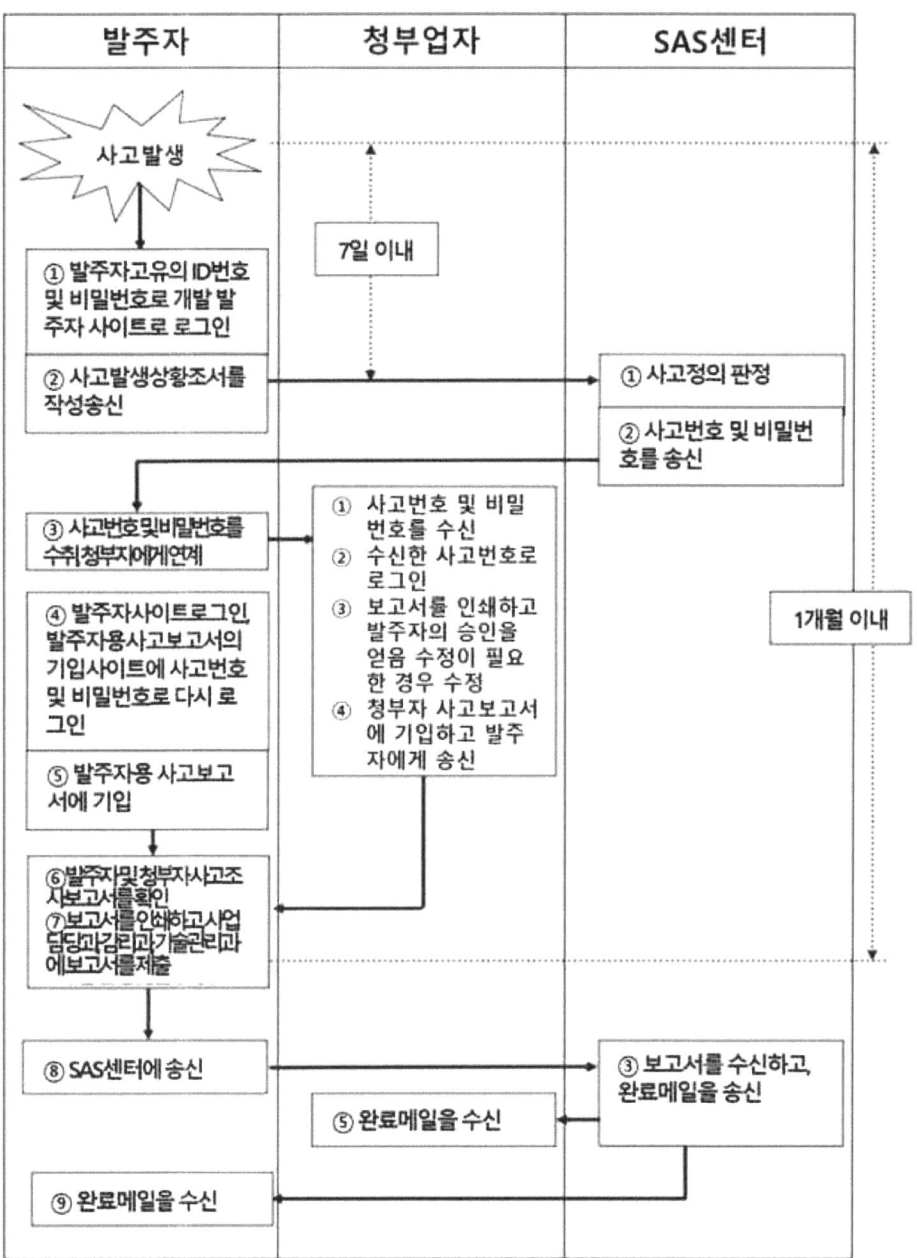

그림 3.10 일본 사고보고서 작성 및 제출 절차

사고보고서는 SAS시스템을 통해 작성이 가능하며 양식을 내려받아 수기로 작성도 가능하다. 다음 <그림 3.11>과 <그림 3.12>는 수기로 작성이 가능한 발주자용과 청부자용 사고보고서이다.

제 3장 해외사례 및 시사점

레이와   년   월   일

【양식 1】

청사명	

□ 공사 · □ 업무 사 고 보 고 (제 보)				
공 사 명 (업무명)			청 부 자 (수주자)	
노 선 명 등			청부금액 낙찰률	
공사등개소			공 사 (업 무) 개 요	
공 기 (이행기간)	레이와 년 월 일 부터 레이와 년 월 일 까지			
연락자(청부자창구)	(성명)	(연락처)		(직종)
발 생 일 시	레이와 년 월 일 ( ) 시 분		날 씨	
발 생 장 소	□ 현장내 · □ 기타 ( )			
사 고 분 류	인신사고	□ 노동재해 · □ 공중재해 · □ 상대과실교통사고		
	물손사고	□ 공중재해 · □ 기타 사고		

사고의 내용	인신사고	성 명	연령	성별	피해의 정도	비 고 (업자명등)	분 류 (직종)
	물 손 사 고 등						
	발생상황	라이프라인등에 대한 영향		□ 있음 · □ 없음			
	발 생 원 인						
	경찰서·노동기준감독서 등에 대한 대응상황						
	비 고						

※ 위치도, 평면도, 횡단도, 현장사진, 시공체계도, 기타 자료를 적절히 첨부

발주기관 담당자 (발주자기입)	담당 (과·계)		연락처	
	총괄감독원		주임감독원	
	현장감독원			
주관과명 (발주자기입)		담당		연락처	

그림 3.11 일본 발주자용 사고보고서 입력양식

【양식 2】

레이와 년 월 일

(발주자)

청부자

사고보고서

○○○○○공통사양서○○의 규정에 근거하여 다음과 같이 보고합니다.

1 사고발생일   레이와 년 월 일( )
2 공사명
3 노선명등
4 시공개소
5 청부금액
6 공기   레이와 년 월 일( )
7 사고발생장소   □ 현장내 · □ 기타(   )
8 사고분류   인신사고 (□ 노동재해 · □ 공중재해 · □ 상대과실교통사고)
                 물손사고 (□ 공중재해 · □ 기타 사고)
9 사고내용
10 부상등의 상황   피해의정도 (전치   일)
                 피해총액   (○○만엔)
11 발생상황   (별지 Ⅰ 사실확인 참조)
12 발생원인
13 안전훈련실시상황
14 법령위반등의 사실
15 노동기준감독서의 견해 ○월○일 현지확인
16 경찰서의 견해   ○월○일 보고
17 재발방지책   (별지 Ⅲ. 개선책 참조)
18 첨부자료

그림 3.12 일본 청부자용 사고보고서 입력양식

나. 건설사고 분류체계

일본의 건설사고 분류체계는 작업자 측면의 불안전한 행동, 작업자를 제외한 공사 제반 사항 측면의 불안전한 상태, 관리자 측면의 불안전한 관리의 3가지 위험요인에 따라 분류하고 있다. 불안전한 행동은 11개의 중분류와 61개 소분류로 구분되고 불안전한 상태는 6개 중분류와 29개 소분류로 분류되며, 불안전한 관리는 6개 중분류와 33개 소분류로 분류된다. 이와 같이 사고요인을 분류하는 것은 원청과 하청 어느 쪽에 책임이 있는지를 확인하기 위함이며, 불안전한 행동과 불안전한 상태는 하청에 대한 책임요소이고 불안전한 관리는 원청에 대한 책임요소이다. 다음 <표 3.10>은 일본 건설사고 분류체계이다.

표 3.10 일본 건설사고 분류체계

대분류	중분류	소분류
A 불안전한 행동	A010 안전장치 등을 무효화한다	A011 안전장치등을 분리하여 무효로 한다
		A012 안전장치등의 조정을 잘못하다
		A019 기타 안전장치 등을 무효화한다
	A020 안전장치의 불이행	A021 안전장치를 사용하지 않는다
		A022 신호, 확인없이 기계, 장치를 작동한다
		A023 신호, 확인없이 중기차량을 작동한다
		A024 신호, 확인없이 물건을 움직이거나 놓는다
		A029 기타 안전장치의 불이행
	A030 불완전한 방치	A031 기계, 장치등을 운전한 채로 떠나다
		A032 기계, 장치 등을 불완전한 상태로 방치한디
		A033 공구, 용구, 재료등을 불안전한 장소에 둔다
		A039 기타 불완전한 방치
	A040 위험한 상태를 만든다	A041 화물등의 과적재
		A042 조합하면 위험한 것을 섞는다
		A043 소정의 것을 불안전한 것으로 바꾸다
		A049 기타 위험한 상태를 만든다
	A050 기계, 장치등의 지정외 사용	A051 결함있는 기계, 장치 등을 사용한다
		A052 기계, 장치 등의 선택을 잘못한다
		A053 기계, 장치 등을 불안전한 속도로 작동한다
		A054 기계, 장치 등을 지정외 방법으로 사용한다
		A059 기타 기계, 장치 등의 지정외 사용
	A060 운전중 기계, 장치등의 수리, 점검	A061 운전중 기계, 장치 등의 수리, 점검
		A062 통전중 전기장치의 수리, 점검
		A063 가압되어 있는 것의 수리, 점검
		A064 가열되어 있는 것의 수리, 점검
		A065 위험물이 들어있는 것의 수리점검
		A069 기타 운전중 기계, 장치 등의 수리, 점검

표 3.10 일본 건설사고 분류체계(계속)

대분류	중분류	소분류
A 불안전한 행동	A070 보호구, 복장의 불량	A071 보호구를 착용하지 않는다
		A072 보호구의 선택, 사용방법의 잘못
		A073 불안전한 복장을 하다
		A079 기타 보호구, 복장 등의 불량
	A080 위험장소에의 접근	A081 작동하고 있는 기계, 장치 등에 접근하거나 만진다
		A082 매달려 아래로 들어가거나 접근한다
		A083 붕괴 위험장소에 접근한다
		A084 확인없이 붕괴하기 쉬운 것에 오르거나 건드린다
		A085 유해한 장소에 접근한다
		A086 매달짐, 버킷반기에 올라가다
		A087 기타 불안전한 장소에 올라가다
		A089 기타 위험장소에의 접근
	A090 잘못된 동작	A091 짐 등을 너무 많이 드는 것
		A092 물건 지탱방법의 잘못
		A093 물건을 잡는 방법이 확실하지 않다
		A094 물건을 누르는 방법, 당기는 방법의 잘못
		A095 오르는 방법, 내리는 방법의 잘못
		A096 무리한 자세
		A099 기타 잘못된 동작
	A100 작업방법의 결함	A101 부적당한 기계, 장치의 사용
		A102 부적당한 공구, 용구의 사용
		A103 작업절차의 잘못
		A104 기술적, 육체적인 무리
		A105 무자격
		A109 기타 작업방법의 결함
	A190 기타 불안전한 행동	A191 도구 대신에 손 등을 사용한다
		A192 짐의 중간 빼기, 속임수를 쓴다.
		A193 확인하지 않고 다음 동작을 한다
		A194 건네주는 대신 던진다
		A195 불필요하게 달린다
		A196 짖궂은 장난, 못된 장난
		A197 과속
		A198 뛰어 오르고 뛰어 내림
		A199 기타 불안전한 행동

표 3.10 일본 건설사고 분류체계(계속)

대분류	중분류	소분류
B 불안전한 상태	B010 물건자체의 결함	B011 설계불량
		B012 구성재료의 결함
		B013 조립, 공작의 결함
		B014 노후, 피로, 사용한계
		B015 고장미수리
		B016 점검정비불량
		B017 법면의 결함
		B019 기타 물건자체의 결함
	B020 방호조치의 결함	B021 무방비
		B022 방호불충분
		B023 접지 없음, 불충분
		B024 충전부분의 방호 없음, 불충분
		B025 차폐 없음, 불충분
		B026 구획, 표시의 결함
		B029 기타 방호조치의 결함
	B030 물건을 두는 방법과 작업장소의 결함	B031 통로가 확보되어 있지 않다
		B032 작업장소의 간격, 공간의 부족
		B033 기계, 장치, 용구, 집기배치의 결함
		B034 물건을 두는 장소의 부적절
		B035 물건 적치방법의 결함
		B039 기타 물건을 두는 방법과 작업장소의 결함
	B040 작업환경의 결함	B041 환기의 결함
		B042 증명의 부적당
		B043 과도한 소음
		B049 기타 작업환경의 결함
	B050 보호구, 복장등의 결함	B051 보호구의 결함
		B052 복장의 결함
		B059 기타 보호구, 복장등의 결함
	B090 기타 불안전한 상태	B090 기타 불안전한 상태
C 불안전한 관리	C010 교육지도의 결함	C011 신규입장자 교육 없음, 불충분
		C012 고인시 교육 없음, 불충분
		C013 위험유해작업의 교육 없음, 불충분
		C014 훈련부족
		C019 기타 교육지도의 부족
	C020 차량, 기계설비등의 관리결함	C021 차량, 기계설비 등의 정비부족
		C022 안전장치, 안전시설의 정비불량
		C023 치공구, 보조원의 정비불량
		C029 기타 차량 기계설비지의 관리결함

표 3.10 일본 건설사고 분류체계(계속)

대분류	중분류	소분류
C 불안전한 관리	C030 적정배치의 결함	C031 지휘자, 유도원을 붙이지 않았다
		C032 무자격자에게 시켰다
		C033 인원배치에 무리가 있었다
		C034 부적정자를 배치하였다
		C039 기타 적정배치의 결함
	C040 작업관리의 결함	C041 안전성의 사전검토 부족
		C042 작업표준을 정하지 않았다
		C043 작업중의 감독, 지시가 부적절
		C044 작업안전지시가 부적절
		C045 TBM、KYK을 하지 않았다
		C046 작업환경의 정비불량
		C049 기타 작업관리의 결함
	C050 점검의 결함	C051 작업절차 전 점검을 하지 않았다
		C052 정기점검을 하지 않았다
		C053 안전순찰을 하지 않았다
		C054 환경측정을 하지 않았다
		C059 기타 점검의 결함
	C060 보호구, 복장등의 관리결함	C061 신발을 지정하지 않았다
		C062 장갑의 사용금지를 하지 않았다
		C063 안전모를 갖추지 않았다
		C064 안전대를 갖추지 않았다
		C067 기타 보호구를 지정하지 않았다
		C068 기타 복장을 지정하지 않았다
		C069 기타 보호구, 복장 등의 결함

다. 건설사고 분석체계

일본에서 건설공사 사고데이터는 후생노동성(노동재해통계)[2]과 국토교통성(SAS)이 각각 보유하고 있으며, 공개되는 데이터는 후생노동성의 노동재해통계 데이터이다. 반면 국토교통성의 SAS데이터는 발주자와 수주자가 직접 사고조사보고서를 기입하는 등 다양한 사고데이터가 등록·관리되고 있지만 일반인에게는 해당 데이터가 공개되고 있지 않다. 다만 국토교통성의 정책자료 등을 통해서 일부 분석 자료가 공개되고 있다.

한편, 공개되고 있는 후생노동성의 노동재해 통계에서는 건설업을 크게 중분류로 토목공사, 건축공사, 기타 건설공사로 구분하고 있으며, 다시 세분화하여 소분류하고 있다. 토목공사의 경우 소분류에는 수력발전소, 터널건설공사, 지하철건설공사, 궤도건설공사, 교량건설공사, 도로건설공사, 하천토목공사, 사방공사업, 토지정리토목, 상하수도, 항만해안, 기타 토목으로 구분하고 있다. 건축공사의 경우, 철골철근가옥, 목조가옥건축, 건축설비공사, 기타 건축공사 그리고 기타 건설에는 전기통신공사, 기계기구설치, 기타 건설로 세분화 된다.

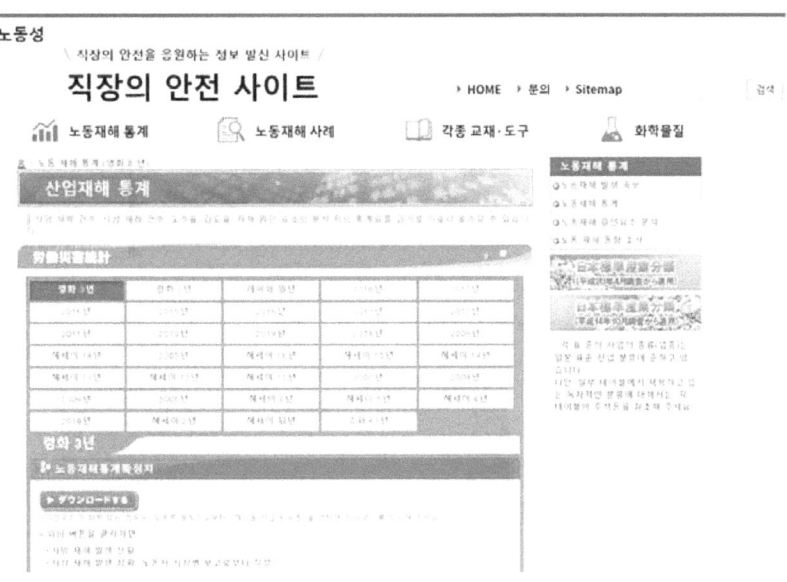

그림 3.13 후생노동성의 노동재해통계추정치 공개사이트 홈페이지

후생노동성에서는 주로 사고유형과 기인물을 중심으로 사고원인에 대한 접근을 하고 있다 보니 건설공사의 특성인 공종이나 작업에 대한 접근과 사고재발장지를 위한 조치가 직접적인 작업과 연관되기 보다는 예방적인 조치에 초점이 맞춰져 있다. 이러한 한계점을

---

2) 후생노동성 노동재해통계 공개사이트 https://anzeninfo.mhlw.go.jp/user/anzen/tok/anst00.htm

개선하기 위하여 건설공사 적산체계를 활용해 건설공사의 공종이나 작업에 대한 사고발생 데이터 축적 방안에 대한 연구도 있다3).

후생노동성의 노동재해통계는 업종별·지역별, 업종별·사고유형별, 업종별·연령별, 업종별·발생월별 등 사망재해와 사상재해에 대한 통계자료를 엑셀(Excel) 형태로 제공하고 있다. 또한 노동재해 사례에 대해 노동재해 사례집과 DB(엑셀(Excel) 형태)를 제공하며, 건설사고와 관련한 각종 교재를 한국어를 포함하여 각종 나라 언어로 된 동영상 등으로 제공하고 있다.

국토교통성(SAS)에서 제공하는 건설공사 사고분석 통계는 다양한 그래프 형태로 제공하고 있으며, 업종별 사상자, 사망자 비율, 사망사고 발생 원인별 비율 등이다. 다음 <그림 3.14>는 일본 SAS에서 제공하는 통계정보이다.

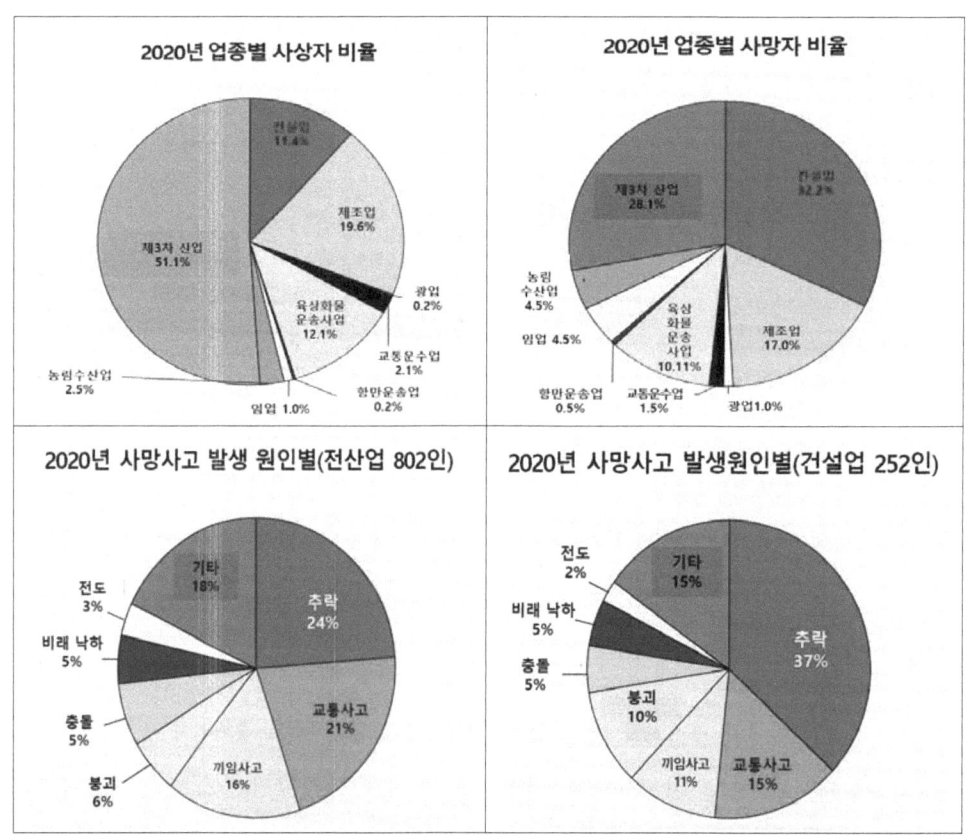

그림 3.14 일본 SAS에서 제공하는 통계정보

---

3) 야마구치 외2인, "建設工事の事故リスク評価に向けた事故発生頻度の試算方法に関する一提案", 제37회 건설 메니저먼트 문제에 관한 연구발표회, 논문강연집, PP.373-376, 2019.12

제 3장 해외사례 및 시사점

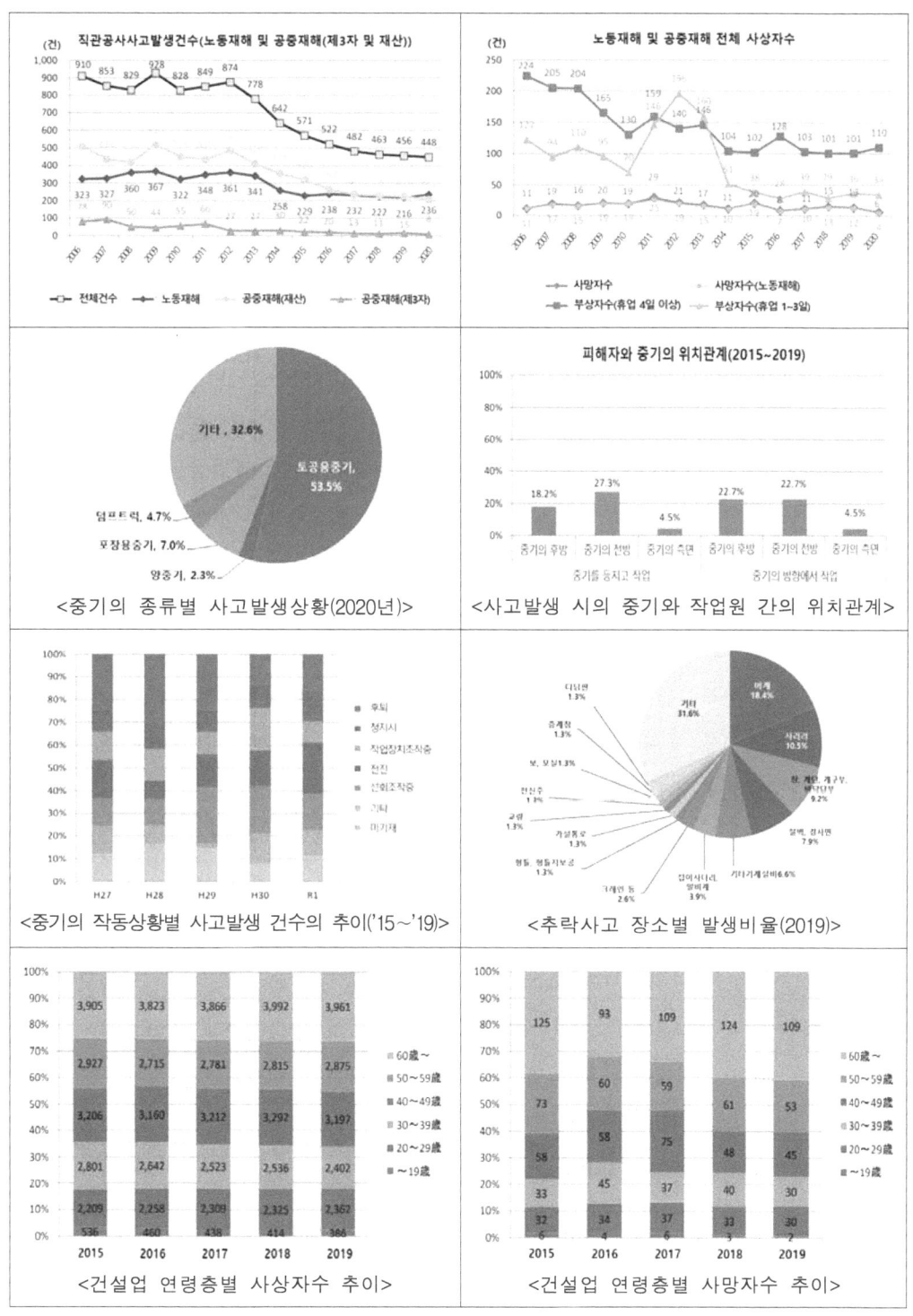

그림 3.14 일본 SAS에서 제공하는 통계정보(계속)

3.3 싱가포르 건설사고 조사체계 현황

싱가포르 건설사고 조사체계에 대한 조직/인력 등의 운영체계와 사고조사 분류체계/기준 등의 분석체계에 대하여 제시하였다.

3.3.1 건설사고 조사 운영체계

가. 인력자원부(Ministry of Manpower) 근로감독관

싱가포르는 인력자원부(Ministry of Manpower)에서 작업장안전보건법(WSHA; Workplace Safety and Health Act)을 통하여 건설분야를 포함하는 작업장에 대한 안전보건체계의 기준을 제시하고 있다. WSHA를 기반으로 한 법률과 실행기구 및 작업장을 포함하는 기업에서 운영되는 건설안전관리 실무수칙(CP79)을 통하여 건설회사가 직원과 일반인의 안전을 보장하기 위해 현장을 조직하고 관리하는 방법에 대한 가이드라인을 제시한다. 이를 바탕으로 건설회사는 안전 정책, 자원 및 다양한 안전 계획을 마련할 수 있다. 또한 안전과 관련한 사항에 대하여 프로젝트 진행 상태에 대한 피드백으로 프로젝트 보고서 및 안전보건 보고서를 실행기관에 제공한다. 이러한 계층구조와 피드백을 바탕으로 건설 산업에서 발생하는 사고를 분석하는 것뿐만 아니라 미래의 사고를 예방하기 위한 안전 관련 체계를 설계하는 보다 효과적인 시스템적 접근 방식을 채택하고 있다.

20세기 초까지 영국의 식민지배를 받은 싱가포르는 법률체계도 영미의 체계를 받아들여 작업장 안전보건의 위임권자(Commissioner)는 산업안전보건부서장의 지원을 받아 규정을 준수할 수 있도록 하고 있다[4].

싱가포르는 영국의 보건안전 조사관과 동일한 성격의 근로감독관을 작업장안전보건을 위해 임명하였다. 근로감독관은 시간 또는 장소적 제약 없이 작업장에 출입할 수 있으며 조사 및 감독의 권한을 갖는다. 위임권자는 사건이나 사고가 발생한 작업장에 조사 명령을 내릴 수 있다. 조사과정에서 근로감독관은 사건현장이나 작업장을 조사할 수 있고 사건과 사고가 일어난 경위에 대하여 조사나 신문을 할 수 있으며 조사당사자들은 조사에 협조하여야 하고 진실을 증언해야 한다.

필요한 경우 위임권자는 공장등록증이나 지정검사원으로부터 허가받은 인증서 등을

---

[4] 피삼경, "싱가포르의 작업장안전보건법 제정과 시사점에 관한 연구", 2008 세계법제연구보고서, p.248~285, 2008

포함하여 관계법령에 의해 발급된 인증의 정지를 명할 수 있다. 위임권자는 작업장의 위험을 제거하거나 안전한 작업을 위한 관행에 응하기 위해 급박한 위험의 유무와 상관없이 계약자나 소유자에게 시정조치를 명령할 수 있다. 이는 위임권자나 계약자 및 소유자가 그들의 안전보건 관리능력과 위험을 관리할 수 있는 질을 제고하기 위해 필요한 경우에 발하여 사용할 수 있는 주요 수단이 된다. 또한 위임권자는 작업을 위한 안전조치가 이루어질 때까지 특정한 작업에 대하여 작업중지 명령을 할 수 있다. 작업중지 명령은 안전보건에 대한 상황이 근로자에게 급박한 위험을 야기할 수 있음을 전제로 한 중대한 위험에 한하여 적용되며, 이러한 시정조치나 작업중지명령에 위반한 경우에는 벌·과금이 부과된다.

3.3.2 건설사고 조사 분석체계

가. 건설사고 조사체계

싱가포르에서 사고 발생 시 정보수집, 분석, 실행 및 검토의 3단계로 조사를 진행한다. 1단계 정보수집은 해당지역의 작업 중지를 명령하고 사고지역을 차단한 후 사건에 연루되지 않은 사람들이 사고장소에 머물지 않도록 한다. 이후 해당 지역의 안전을 확인하고 도구 및 장비의 위치 및 현장 작업 환경의 상태를 확인하고 사고를 목격한 증인의 개인적인 인터뷰를 진행한다.

2단계인 분석은 사건 중에 일어난 일을 기록하고 안전하지 않았던 행동과 조건을 기록한다. 수집된 정보를 확인하고 안전작업절차, 물질안전보건자료, 유지관리사항, 고용자 기록 등의 문서를 검토한다. 또한 사고 당시의 불안전한 행위와 상황을 현행 문서와 비교하여 현 제도의 허점과 문제점을 확인한다.

3단계인 실행 및 검토는 확인한 사항에 대해 비슷한 사고와의 차이점을 확인하고 시정을 요청한다. 이후 각 통제 조치의 실행을 담당할 경영진과 논의하고 적절한 통제 조치 시행을 요구한다. 통제 조치 시행에 대한 결과를 분석하여 효과를 검토한다. 다음 <표 3.11>은 싱가포르 사고 조사과정이다.

표 3.11 싱가포르 사고 조사과정

단 계	내 용
(1단계) 정보수집	• 해당 지역 작업 중지 • 사고지역 차단 후 사건에 연루되지 않은 사람들이 사고장소에 머물지 않도록 함 • 해당 지역 안전 확인 • 도구 및 장비의 위치 및 현장 작업 환경의 상태 확인(필요시 사진 촬영) • 각 증인 개인적 인터뷰(개방형 질문)

(2단계)
분석
	• 사건 중에 일어난 일 기록
	• 안전하지 않았던 행동과 조건 기록
	• 수집된 정보 확인
	• 문서 검토
	  - 안전 작업 절차(SWP)
	  - 물질안전보건 자료(SDS)
	  - 유지 관리 사항
	  - 고용자 기록
	• 사고 당시의 불안전한 행위와 상황을 현행 문서와 비교하여 현 제도의 허점과 문제점 확인
	
	<안전 작업 절차(예시)>
	
	Safe Work Procedure
	Unstuffing Container
	1) Identify type of cargo coming into warehouse, monitor container arrival.
	2) Ops direct container to designated bay.
	3) Ops read UTS and identify type of cargo to unstuff.
	4) Observe container for any sign of leakage.
	5) Put on chassis wheel choke.
	6) Update container checklist.
	7) Observe container floor board for any leakage.
	8) Ventilate container for at least 15 min.
	9) Proceed to unstuff cargo safely.
	10) Ensure no leakage and safe to unstuffy further.
	11) Put cargo in staging area.
	12) Check cargo for conditions, qty, label, marking.
	13) Ensure empty container is clean.
	14) Take picture of container.
	15) Quarantine cargoes with serious conditions.

(3단계) 실행 및 검토	• 확인한 사항에 대한 차이점 확인 및 시정 • 각 통제 조치의 실행을 담당할 경영진과 논의 • 적절한 통제 조치 시행 • 새로운 통제 조치 효과 검토

3.4 해외사례 시사점

건설사고 조사체계 개선을 위해 영국, 일본, 싱가포르의 건설사고 조사체계 현황을 건설사고 분류체계/기준, 사고조사보고서, 관련 시스템 등에 대하여 조사·분석하였으며 아래와 같다. 다음 <표 3.12>는 영국, 일본, 싱가포르의 건설사고 조사체계 현황 총괄표이다.

가. 사고 조사 체계

영국은 사업자 자체 사고조사와 RIDDOR(Reporting of Injuries, Diseases and Dangerous Occurrences Regulations) 규정에 따른 일정 규모 이상의 사고에 대한 보건안전청(HSE)의 사고조사로 구분된다.

또한, 발생가능성 및 피해유형 분류에 따라 최소수준, 낮은수준, 중간수준, 높은수준의 4단계로 조사수준을 구분하여, 조사수준별로 참여하는 조사자의 범위와 조사내용의 차별화를 통해 효율적인 조사체계를 운영하고 있다.

나. 사고 원인 분류 체계

사고원인 분류는 영국의 경우 직접적인 원인, 근저의 원인, 근본적인 원인과 근로자 요인, 대상지(공사장) 요인, 자재 및 장비 요인으로 구분하며 설계, 시공, 사업관리, 안전보건 관리체계 등과 떨어짐, 깔림, 물체에 맞음, 부딪힘 등으로 구분하고 있다.

일본은 작업자와 관리자, 장소를 고려하여 불안전한 행동, 불안정한 상태, 불안전한 관리로 구분하고 있다.

다. 사고 조사 보고서

영국의 사고조사 보고서는 RIDDOR 규정에 따라 작성하고 있으며, 조사자 이름, 직업, 번호 등의 일반사항과 일시, 장소, 사고분류, 사고원인 등의 사고개요를 조사하고 있다.

일본은 사고발생상황조서, 사고보고서를 작성하게 하고 있으며, 사고발생상황조서는 발주자가 작성하고 사고보고서는 발주자와 청부자가 각각 작성하도록 하고 있다.

싱가포르는 작업자와 발주자에게 각각 사고보고서를 자신의 입장으로 작성하도록 하고 있다.

라. 관련 시스템

영국은 우리나라의 CSI와 같은 시스템은 없으나 HSE(보건안전청) 홈페이지를 활용하여 사건·사고 통계를 PDF, 엑셀 등의 자료로 제공하고 있다.

일본은 SAS 시스템을 통해 사건·사고 통계, 업종별 사상자/사망자 비율, 사망사고 발생원인별 비율, 사고별 발생건수/전체 사상자수 등을 제공하고 있다.

표 3.12 해외 건설사고 조사체계 현황 총괄표(영국, 일본, 싱가포르)

구 분			영 국	일 본	싱가포르
사고조사 프로세스			• 4단계 - 정보수집 - 정보분석 - 위험통제를 위한 조치 식별 - 실행계획 수립 및 집행	-	• 3단계 - 정보수집 - 정보분석 - 검토 및 실행
분류 체계 기준		건설업 분류	• 엔지니어링건설 • 토목 • 주요 건축물 • 주택	• 토목공사 • 건축공사 • 기타 건설공사	-
		사건 사고 유형 분류	• 사고, 사건(아차, 바람직하지 않은 상황), 위험한 사건 • 발생가능성 분류(확실, 자주, 가능, 드뭄, 희박) • 피해유형 분류(사망, 중대한 손상/질병, 심각한 부상/질병, 경미한 부상 등)	• 노동재해 • 상대방 책임 사고 • 사상공중재해 • 물손공중재해 • 기타 등	• 단순사고 • 직접적인 사고
		사고 원인 분류	• 직접적인 원인, 근저의 원인, 근본적인 원인 • 근로자 요인, 대상지(공사장) 요인, 자재 및 장비 요인 • 설계, 시공, 사업관리, 안전보건관리체계 등 • 떨어짐, 깔림, 물체에 맞음, 부딪힘 등	• 불안전한 행동 • 불안정한 상태 • 불안전한 관리	-
사고 조사 보고서		현황	• RIDDOR(Reporting of Injuries, Diseases and Dangerous Occurrences Regulations 1995) 규정에 따른 사고보고서	• 사고발생상황조서(발주자) • 사고보고서(발주자, 청부자)	• 사고보고서(작업자, 발주자)
		조사 사항	• 일반사항(조사자 이름, 직업, 번호 등) • 사고개요(일시, 장소, 사고분류, 사고원인, 사고자 인적사항 등)	• 공사개요(공사명, 수주자, 낙찰률, 공기 등) • 사고개요(일시, 장소, 사고분류, 사고원인, 사고자 인적사항 등))	• 부상자/사망자 사항 • 고용주/점유자 사항 • 사고개요(일시, 장소, 사고분류, 사고원인, 사고자 인적사항 등))
관련 시스템		현황	• 우리나라 CSI와 같은 시스템은 없으나, HSE (보건안전청) 홈페이지 활용	• SAS(Safety Analysis System) 시스템 활용	-
		제공 정보	• 사건·사고 통계 (PDF, 엑셀 등) • HSE에 의해 강제조치가 내려진 사업장 및 세부내역 등	• 사건·사고 통계 - 업종별 사상자/사망자 비율 - 사망사고 발생원인별 비율 - 사고별 발생건수/ 전체 사상자수 등	-

제 4 장

타기관 사례 및 시사점

4.1 승강기 사례 조사·분석

4.2 항공 사례 조사·분석

4.3 기타 사례 조사·분석

4.4 타기관 사례 시사점

제4장 타기관 사례 및 시사점

건설사고 이외 국내 타 분야·기관의 사고조사체계에 대한 실태파악을 통해 벤치마킹 요소 마련이 필요하며, 이를 위해 승강기, 항공 등 사례에 대한 조사를 진행하였다.

4.1 승강기 사례 조사·분석

승강기 사례는 한국승강기안전공단의 사고조사 조직 및 인력, 사고조사 및 대응 절차, 사고 원인분류체계, 사고정보 수집 및 검증, 사고 정보 분석 및 환류체계, 조사자 교육체계 등에 대해 조사 및 분석하였다.

4.1.1 사고조사 조직 및 인력

승강기 사고에 대한 조사기관은 행정안전부의 산하기관인 한국승강기안전공단으로 승강기검사, 안전교육, 안전관리, 안전인증, 안전진단 등 승강기에 대해 전반적인 사항을 관할하는 기관이다. 서울, 부산, 대구경북, 경인, 경기강원, 충청, 호남의 7개 지역본부에 42개 지사와 4개 출장소로 구성되어 있다. 사고조사는 42개 지역사무소의 250여명의 초동조사반과 본사 사고조사실 내 전문조사반 15명으로 사고조사인력이 구성되어 있다.

초동조사반은 비전담 조직으로 평상시에는 점검업무를 수행하고 사고발생시에는 사고조사를 하고 있으며, 본사 전문조사반은 초동조사 이후 전문조사 필요시 고급·특급 검사자 내부 2인과 외부 1인으로 구성하여 전문조사반을 운영하고 있다. 또한 승강기에 대한 시험, 검사를 전담으로 하는 부속기관인 승강기안전기술원을 운영하고 있으며, 산·학 전문가 풀을 보유하고 있고 국과수·경찰청 등과의 MOU 체결 등을 통해 상호 정보공유 체계를 구축하고 있다.

사고조사실은 「승강기안전관리법」에 의해 점검 및 검사를 진행하고, 사내 승강기 사고조사 규정에 따라 사고발생시 조사업무를 진행한다. 또한, 국가승강기정보센터를 통한 대국민 신고시스템 및 언론보도 모니터링으로 사고 인지 12시간 내 초동조사 실시, 필요시 전문조사, 승강기사고조사위원회 운영 등의 업무를 수행한다. 사고조사보고서 제출 후 이용자 과실, 기계적결함 등의 판단에 따라 추가조사 필요시 산·학·시민단체 등 10명 내 사고조사위원회 구성하는 역할을 담당한다. 다음 <그림 4.1>은 한국승강기안전공단의 조직도이다.

그림 4.1 한국승강기안전공단 조직도(2022년 11월 기준)

4.1.2 사고조사 및 대응 절차

승강기 사고는 「승강기 안전관리법」 제48조에 따라 승강기로 인하여 사고 또는 고장이 발생한 경우에는 행정안전부령으로 정하는 바에 따라 제55조에 따른 한국승강기안전공단에 통보하여야 한다. 승강기 사고는 사람이 죽거나 다치는 등의 중대한 사고와 출입문이 열린 상태에서 승강기가 운행되는 경우 등 중대한 고장사고에 대해 사고 조사를 수행하여야 한다.

승강기 사고 발생 시 국가승강기정보센터를 통한 대국민 신고시스템 및 언론보도 모니터링을 통해 사고를 인지하고 전문조사반에게 사고를 통보한 후 24시간 내 초동조사를 실시한다. 사고조사는 사고경위에 따라 초동조사와 전문조사, 승강기사고조사위원회로 구성되며, 초동조사는 연간 약 220회, 전문조사는 연간 약 80회, 승강기사고조사위원회는 연간 약 50회 정도 구성된다.

본사 사고조사실에서 사고를 접수하여 해당 사고가 발생한 지역 인근 지사의 초동조사반을 투입한다. 초동조사에 대한 현황보고를 받아 전문조사 필요 여부를 판단하여 필요한 경우 사고조사 전문조사반을 구성 후 투입한다. 앞서 전문조사가 필요 없는 경우는 초동조사를 통한 사고조사보고서를 작성하고 전문조사반이 구성되면 전문조사를 통한 사고조사보고서를 작성하게 된다. 필요시에 승강기 사고조사에 대한 자문회의를 진행하고 행정안전부에 사고조사보고서를 제출한다.

행정안전부에서는 추가조사 여부가 필요한지에 대한 여부를 판단하고 필요한 경우 재조사 후 결과보고서를 받아 승강기사고조사위원회에 사고조사보고서를 제출한다. 승강기 사고조사위원회는 중대한 사고 등이 발생하여 사고의 원인 및 경위에 대한 추가적인 조사가 필요하다고 인정하는 경우에 구성하며 사고에 대한 심의와 의결을 진행하고 사고관련자 및 처분권자에게 사고원인 및 권고내용 등을 통보한다. 추가조사 여부가 불필요한 경우에는 승강기사고조사위원회가 구성되지 않고 사고관련자 및 처분권자에게 사고원인 및 권고내용 등을 통보한다. 일련의 사고조사 및 처리가 끝나면 본사 사고조사실에서는 사고통계를 관리한다. 다음 <표 4.1>은 승강기 사고조사 규정에 수록된 승강기 사고 처리 절차도이다.

표 4.1 승강기 사고 처리 절차도(승강기 사고조사 규정)

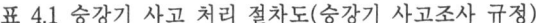

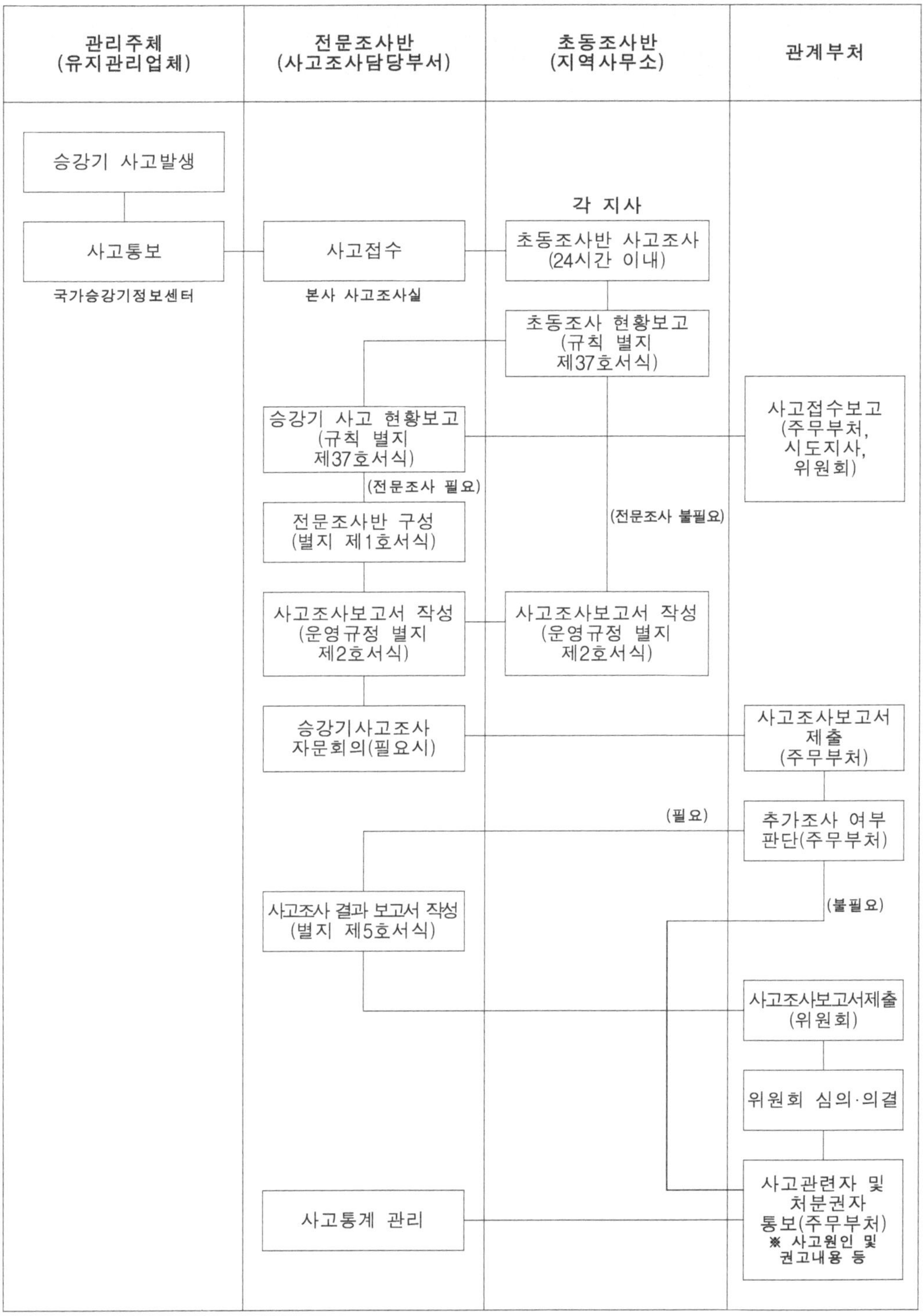

4.1.3 사고 원인분류체계

승강기 사고에 대한 원인분류체계 사고의 직접적인 원인인 과실 주체별로 분류하고 있다. 과실 주체별로 이용자 과실, 작업자 과실, 관리주체 과실, 유지관리업체 과실, 제조업체 과실로 구분된다. 작업자 과실의 작업자는 승강기의 설치, 유지관리 및 검사와 관련된 자를 말한다.

이용자 과실은 승강기 이용자가 준수사항을 지키지 않아 발생한 사고이며, 작업자 과실은 작업 중 운전조작 미숙, 안전수칙 미준수 등으로 발생한 사고를 말한다. 관리주체 과실은 승강기를 타 용도로 이용하도록 방치하거나 승강기 관련 시설물을 임의로 변경·교체하는 등으로 발생한 사고이며, 유지관리 업체 과실은 작업 중 이용금지 등의 안전조치를 하지 않아 이용자가 부상을 입는 사고 등을 말한다. 또한 제조업체 과실은 승강기 품질보증기간 내에 승강기의 결함으로 발생한 사고 등을 말하며, 다음 <표 4.2>는 승강기 사고원인별 분류기준이다.

표 4.2 승강기 사고 원인별 분류기준

구 분	분류기준
이용자 과실	○ 이용자의 준수사항을 지키지 않아 발생한 사고 등
작업자 과실	○ 작업 중 운전조작 미숙으로 발생한 사고 ○ 작업 중 안전수칙 미준수로 발생한 사고 등
관리주체 과실	○ 승강기를 타 용도로 이용하도록 방치하여 발생한 사고 ○ 관리주체가 승강기 관련 시설물을 임의로 변경·교체하여 발생한 사고 ○ 탑승이 금지된 승강기에 탑승금지 등 안전조치를 하지 않아 발생한 사고 ○ 승강기 기계실 열쇠, 운전조작반 열쇠, 승강장 문의 비상키 등의 관리소홀로 발생한 사고 ○ 마모 및 노후 등의 이상부품을 교체하도록 자체점검표 등에 기록되어 있으나, 운행정지 등의 조치를 하지 않아 발생한 사고 등
유지관리 업체 과실	○ 작업 중 이용금지 등의 안전조치를 하지 않아 이용자가 부상을 입은 사고 ○ 자체점검 거짓으로 실시하여 발생한 사고 ○ 반복고장 미조치로 발생한 사고 ○ 이상부품 미교체로 발생한 사고(권장 교체주기 초과 등) 등
제조업체 과실	○ 품질보증기간 내에 승강기의 결함으로 발생한 사고 ○ 승강기 주요부품의 미설치 또는 설치불량으로 발생한 사고 등

원인분류체계 이외 피해 정도별 분류기준, 피해자 구분별 분류기준, 피해자 연령별 분류기준, 중대한 고장 분류 등이 있다. 피해 정도별 분류기준은 승강기 사고발생 7일 이내에 실시된 의사의 최초 진단결과를 기준으로 경상, 중상, 사망으로 구분된다. 또한 피해자 구분별 분류기준은 이용자, 건물 관리자, 승강기 기술자로 구분하고 피해자 연령별 분류기준은 14세 이하, 15세 이상 64세 이하, 65세 이상으로 구분된다. 다음 <표 4.3>은 승강기 사고 피해 정도별/피해자 구분별/피해자 연령별 분류기준이다.

표 4.3 승강기 사고 피해 정도별/피해자 구분별/피해자 연령별 분류기준

기 준	구 분	분류기준
피해 정도별 분류기준	경상	1주미만 입원, 3주미만 치료
	중상	1주이상 입원, 3주이상 치료
	사망	-
피해자 구분별 분류기준	이용자	승강기 이용자
	건물 관리자	관리주체, 안전관리자, 경비원 및 보안요원 등 건물 관리자
	승강기 기술자	승강기 제조 및 유지관리업체 직원 승강기 검사자
피해자 연령별 분류기준	14세 이하	-
	15세 이상 64세 이하	-
	65세 이상	-

4.1.4 사고정보 수집 및 검증

승강기 사고에 대한 정보는 승강기 사고에 대한 신고와 초동조사 및 전문조사 등의 자체 사고조사를 통해 수집한다. 승강기 사고는 관리주체, 유지관리업체 등이 하도록 하며, 중대한 사고 또는 고장에 대해 신고하도록 한다. 다음 <표 4.4> 승강기 사고(고장) 신고서를 활용하여 건물명, 소재지, 승강기 번호, 사고 또는 고장발생 일시 등의 일반현황과 피해정도, 사고원인 등 사고·고장 내용 및 조치사항을 작성하여 제출하도록 한다.

제 4장 타기관 사례 및 시사점

표 4.4 승강기 사고(고장) 신고서(승강기 사고조사 규정)

승강기 [ ] 중대한 사고 [ ] 중대한 고장 신고서		
신고자	성명	연락처
	[ ] 관리주체　　　[ ] 유지관리업체　　　[ ] 기타(　　　　)	
일반 현황	건물명(상호)	소재지
	승강기 번호(ID)	사고 또는 고장발생 일시
사고·고장 내용 및 조치사항	사고 또는 고장내용	
	피해정도(사고의 경우) [ ] 사망　　　　　　[ ] 1주 이상 입원 [ ] 3주 이상 진단　[ ] 확인 예정	피해정도(고장의 경우) [ ] 1주 이상 진단 [ ] 갇힌 사람의 수 (　　명)
	사고 또는 고장원인(구체적으로 작성)	
	응급조치	

초동조사반과 전문조사반은 조사에 앞서 사고조사반 활동계획서를 작성하며 신고 접수된 정보를 토대로 아래 <표 4.5> 사고조사반 활동계획서를 작성하도록 한다.

표 4.5 사고조사반 활동계획서(승강기 사고조사 규정)

사고조사반 활동계획서

승강기 사고현황

건물명		승강기 번호	
소재지		전화번호	
승강기종류	엘리베이터( ), 에스컬레이터( ), 휠체어리프트( )		
발생일시		피해정도	

전문조사반 구성

조사일시				
구분	성명	소속	연락처	기술등급
조사반장				
사고조사관				
외부조사관				
조사내용	1. 피해 현황 2. 응급조치에 관한 사항 3. 사고 원인에 관한 사항 4. 그 밖에 조사반장이 필요하다고 인정하는 사항			

제 4장 타기관 사례 및 시사점

 승강기사고조사위원회에 의한 사고조사는 승강기 사고조사 규정의 승강기 사고 조사결과 서식에 따라 작성하도록 하며, 다음 <표 4.6>과 같다. 또한, <그림 4.2>는 승강기 사고 조사결과 서식에 따른 실제 사고 조사결과 보고서 예시이다.

표 4.6 승강기 사고 조사결과(승강기 사고조사 규정)

승강기 사고 조사결과
[○○○(건축물) ○○○(승강기)]

1. 사고개요
   1) 사고분류 : ☐ 중대한 사고   ☐ 중대한 고장
   2) 승강기 현황
   3) 현장정보
   4) 사고정보
   5) 피해상황

2. 조사내용
   1) 사고조사관 정보
   2) 조사방법 :
   3) 조사활동 상황
   4) 문서의 검집
   5) 현장조사 내용

3. 시험결과

4. 사고원인 분석

5. 사고관련자 조사결과

6. 사고재발 방지대책

7. 결론

8. 권고(안) : 승강기 사고 재발방지 및 법령위반 내용에 따른 처분 권고내용
   ❖ 예시) 설치검사를 받지 않고 승강기를 운행한 경우 : 고발(근거 : 법 제50조 제2항제5호)
     안전관리를 소홀히하여 중대한 사고 또는 중대한 고장이 발생한 경우 : 행정처분
     (근거 : 법 제44조 제1항 및 시행규칙 제67조 제1항) 등

- 79 -

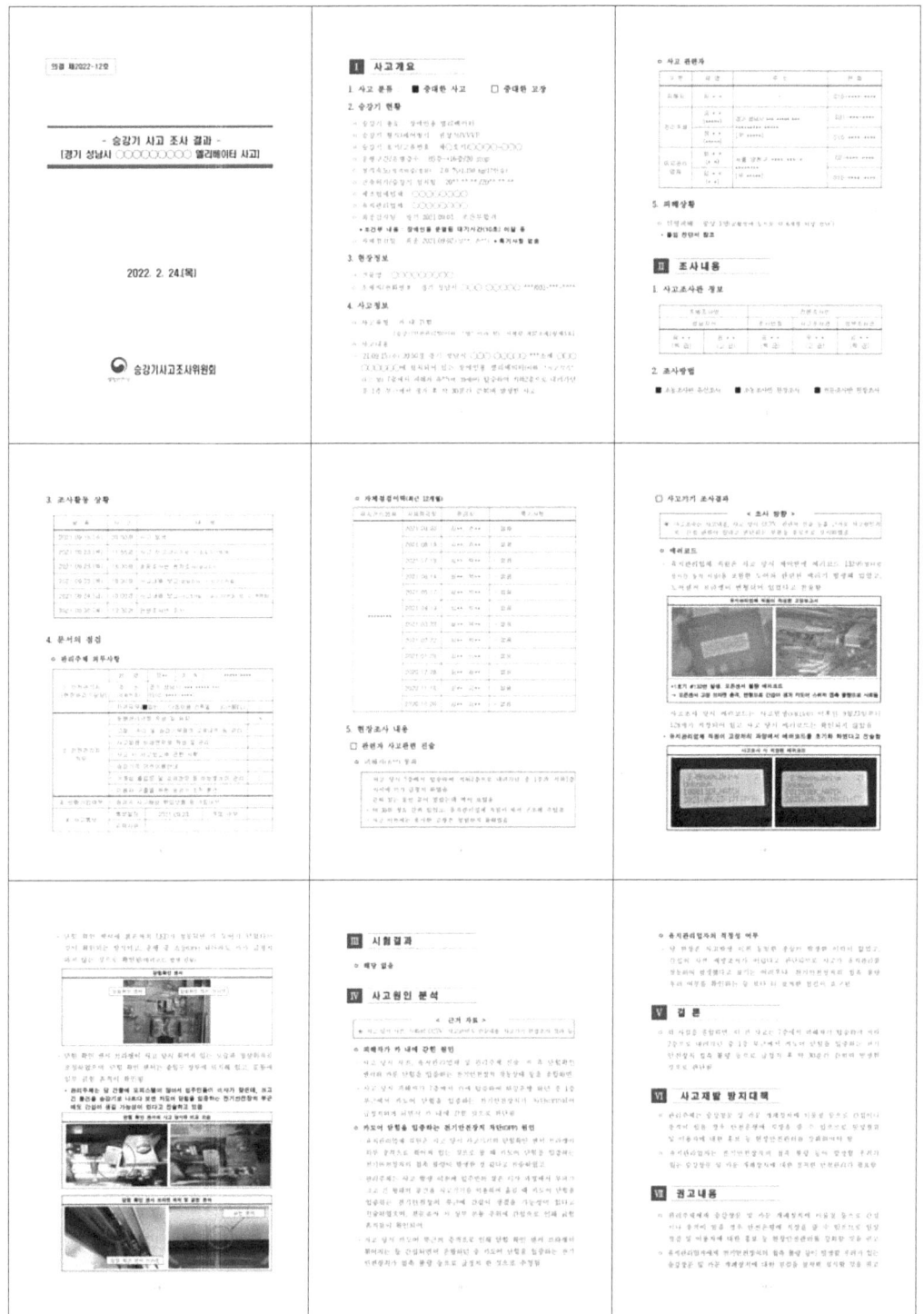

그림 4.2 승강기 사고 조사 결과 예시

4.1.5 사고 정보 분석 및 환류체계

승강기 사고에 대한 정보는 한국승강기안전공단과 국가승강기정보센터 홈페이지에서 제공하고 있다. 한국승강기안전공단과 국가승강기정보센터는 전국에 설치된 승강기의 안전과 관련된 제반정보를 기관 또는 국민에게 제공하고 있다. 제공하는 정보 중 승강기 사고와 관련된 정보는 승강기 사고현황 통계자료이다. 통계정보는 사고건수, 사고발생율(%), 종류별/건물용도별/사고원인별/피해정도별/피해자구분별 사고현황 등을 2007년부터 2022년까지 연도별로 제공하고 있다. 다음 <그림 4.3>은 국가승강기안전공단의 승강기 사고 총괄현황 화면이며, <그림 4.4>는 국가승강기정보센터의 승강기 사고현황 통계정보 화면이다.

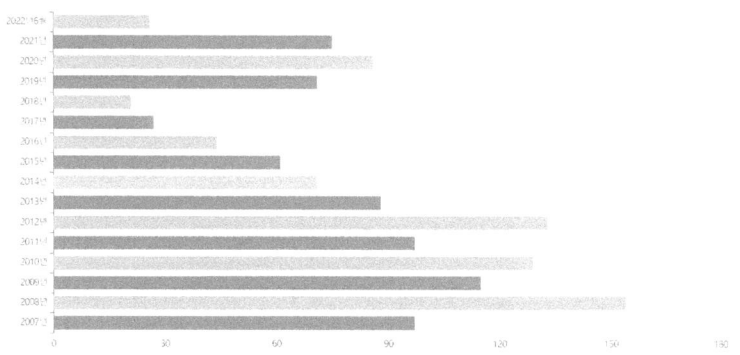

그림 4.3 국가승강기안전공단 승강기 사고 총괄현황 화면

그림 4.4 국가승강기정보센터 승강기 사고현황 통계정보 화면

4.1.6 사고조사자 교육체계

'승강기 사고조사 및 승강기사고 조사위원회 운영규정' 제8조에 따라 사고조사관의 직무 수행능력 배양 등을 위해 연간 교육훈련계획을 수립하여 시행해야 한다. 교육훈련은 직무교육훈련, 정기교육훈련으로 구분되며, 직무교육훈련은 신규보직을 받은 사람에게 실무 수행능력을 배양하기 위해 실시하는 교육훈련 및 사고 조사 등에 관한 교육이다. 정기교육훈련은 관련 법령 및 규정의 변경, 신기술의 도입 등에 따른 필요한 지식과 기량을 습득하도록 하기 위해 주기적으로 실시하는 교육훈련이다. 다음 <표 4.7>은 사고조사관에 대한 교육훈련프로그램 현황이다.

표 4.7 사고조사관 교육훈련프로그램(승강기 사고조사 및 승강기사고조사위원회 운영규정)

1. 직무교육훈련		
교과목	주요내용	교육시간
가. 승강기 관련법규의 이해	1) 승강기 안전관리법령 2) 승강기 관련 고시	3시간
나. 승강기 사고 조사 실무	1) 승강기 사고 조사 개념 및 흐름도 2) 승강기 사고 조사 절차 3) 유형별 조사 및 분석기법 4) 사고 조사보고서 작성 요령 5) 국내·외 승강기 사고 조사보고서에 대한 고찰	7시간
다. 사고현장 안전	1) 사고현장의 안전저해요소 2) 사고현장 안전수칙	2시간

2. 정기교육훈련		
교과목	주요내용	교육시간
가. 승강기 안전관리 정책 추이 및 법규 제·개정 내용	1) 승강기 안전관리 및 사고조사 관련 정책 추이 2) 승강기 관련 법령 제·개정 내용 3) 승강기 관련 고시 제·개정 내용	3시간/년
나. 승강기분야 신기술 및 사고 조사 기법	1) 새로운 승강기 사고조사 기법 2) 새로운 안전정보 분석 기법 3) 새로운 안전정보 관리기법 등 4) 새로운 조사보고서 작성 요령	5시간/년

4.2 항공 사례 조사·분석

항공 사례는 항공철도사고조사위원회의 사고조사 조직 및 인력, 사고조사 및 대응 절차, 사고 원인분류체계, 사고정보 수집 및 검증, 조사자 교육체계 등에 대해 조사 및 분석하였다.

4.2.1 사고조사 조직 및 인력

항공철도사고조사위원회는 통해 정보의 수집과 분석으로 사고의 원인을 결정하며 유사한 사고의 재발방지를 목적으로 사고조사를 수행한다. 항공사고는 항공기의 운용과 관련하여 발생된 운항안전에 영향을 주거나 줄 수 있었던 사고 외의 사건을 말한다.

항공철도사고조사위원회의 항공조사 전담 조직은 항공조사팀과 사고조사분석팀이다. 항공조사팀은 항공사고조사, 항공분과위 운영, 안전권고 및 통계관리, 항공사고 예방활동 등에 관한 사항 등의 업무를 수행하고 사고조사분석팀은 항공철도사고 등 관련 자료 시험분석, 사고분석 기법 연구, 사고자료 분석 및 종합보고서 발간, 사고통계 관리 등의 다양한 업무를 수행한다. 항공조사팀은 총 9명이고 사고조사분석팀은 2명으로 구성되어 있다. 다음 <그림 4.5>는 항공철도사고조사위원회의 조직도이다.

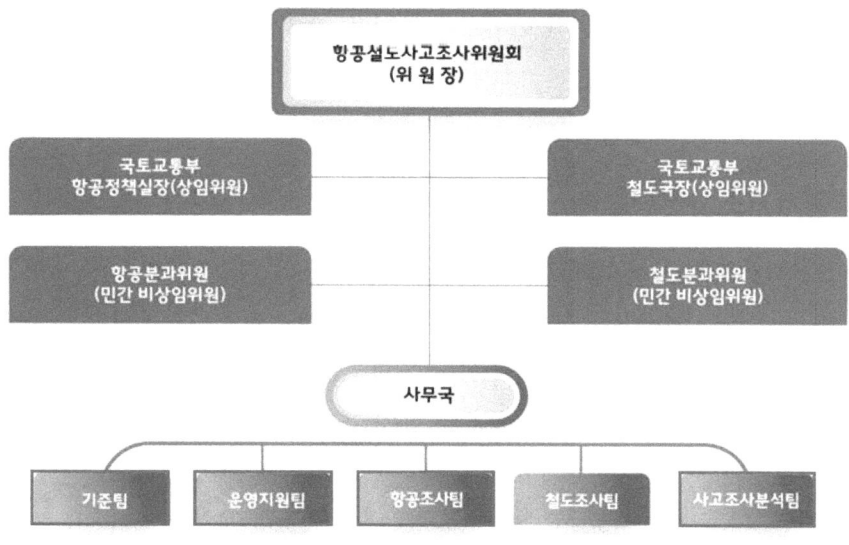

그림 4.5 항공철도사고조사위원회 조직도

4.2.2 사고조사 및 대응 절차

항공사고 조사대상은 대한민국 영역 안에서 발생한 항공사고, 항공기준사고로 구분된다. 항공사고는 항공기 사고와 경량항공기 사고, 초경량비행장치 사고로 구분된다. 항공기 사고란 사람이 항공기에 비행을 목적으로 탑승한 때부터 탑승한 모든 사람이 항공기에서 내릴 때까지 항공기의 운항과 관련하여 사람의 사망·중상(重傷) 또는 행방불명, 항공기의 중대한 손상·파손 또는 구조상의 고장, 항공기의 위치를 확인할 수 없거나 항공기에 접근이 불가능한 경우 등을 말한다. 경량 항공기 사고란 경량 항공기의 비행과 관련하여 경량항공기에 의한 사람의 사망·중상 또는 행방불명, 경량항공기의 추락·충돌 또는 화재 발생, 경량항공기의 위치를 확인할 수 없거나 경량항공기에 접근이 불가능한 경우를 의미한다. 초경량비행장치 사고는 초경량비행장치(超輕量飛行裝置)의 비행과 관련하여 초경량비행장치에 의한 사람의 사망·중상 또는 행방불명, 초경량비행장치의 추락·충돌 또는 화재 발생, 초경량비행장치의 위치를 확인할 수 없거나 초경량비행장치에 접근이 불가능한 경우를 말한다.

항공기준사고는 항공기사고 외에 항공기사고로 발전할 수 있었던 것으로 「항공법」 시행규칙 별표5에 따라 항공기의 위치, 속도 및 거리가 다른 항공기와 충돌위험이 있었던 것으로 판단되는 근접비행이 발생한 경우, 항공기가 정상적인 비행 중 지표, 수면 또는 그 밖의 장애물과의 충돌(CFIT)을 가까스로 회피한 경우, 항공기, 차량, 사람 등이 허가 없이 또는 잘못된 허가로 항공기 이륙·착륙을 위해 지정된 보호구역에 진입하여 다른 항공기의 안전운항에 지장을 준 경우 등을 말한다.

가. 항공사고조사진행단계

항공사고조사진행단계는 사고가 발생하여 보고된 순간부터 최종사고조사보고서가 공표하기까지의 12단계로 구분되어 있다. 사고 발생 시 기장 또는 항공기 소유자는 사고 발생을 보고하고 항공기 등록국, 운영국, 설계국, 제작국 및 국제민간항공기구인 International Civil Aviation Organization, ICAO)에 통보한다. 이후 사고조사단이 구성되어 현장조사를 통해 보고서를 작성하여 관련국 및 ICAO에 발송하고 시험 및 연구를 통해 사실조사보고서를 작성한다. 사실정보 검증 등을 위한 공청회를 진행하고 최종보고서 초안을 작성하여 관련인 및 관련국의 의견수렴과 위원회 심의 및 의결을 통해 최종보고서를 완료한다. 이후 언론매체 등을 통한 발표와 최종사고조사보고서 공표를 진행하며, 앞서 설명한 일련의 단계는 다음 <그림 4.6>과 같다.

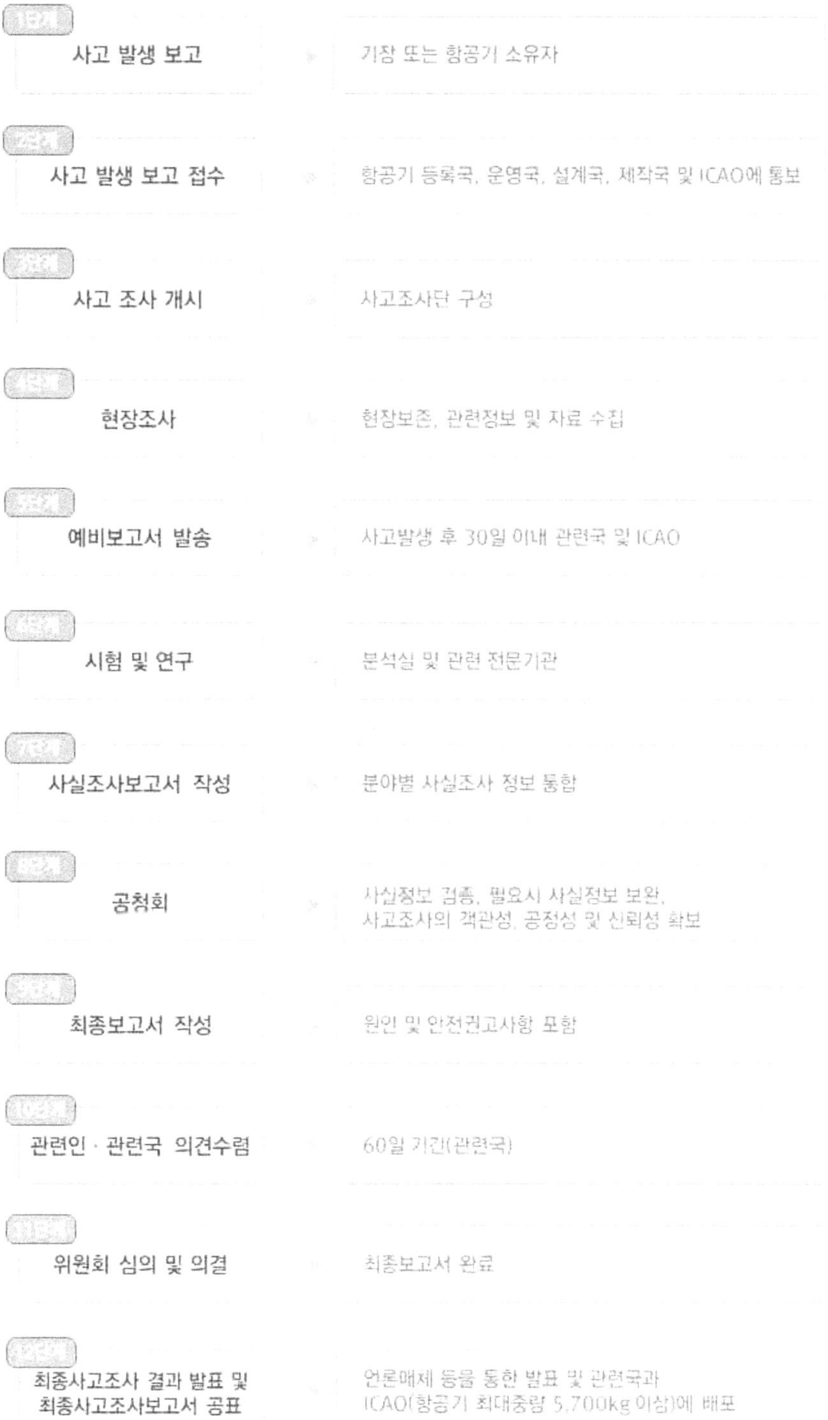

제 4장 타기관 사례 및 시사점

1단계	사고 발생 보고	기장 또는 항공기 소유자
2단계	사고 발생 보고 접수	항공기 등록국, 운영국, 설계국, 제작국 및 ICAO에 통보
3단계	사고 조사 개시	사고조사단 구성
4단계	현장조사	현장보존, 관련정보 및 자료 수집
5단계	예비보고서 발송	사고발생 후 30일 이내 관련국 및 ICAO
6단계	시험 및 연구	분석실 및 관련 전문기관
7단계	사실조사보고서 작성	분야별 사실조사 정보 통합
8단계	공청회	사실정보 검증, 필요시 사실정보 보완, 사고조사의 객관성, 공정성 및 신뢰성 확보
9단계	최종보고서 작성	원인 및 안전권고사항 포함
10단계	관련인·관련국 의견수렴	60일 기간(관련국)
11단계	위원회 심의 및 의결	최종보고서 완료
12단계	최종사고조사 결과 발표 및 최종사고조사보고서 공표	언론매체 등을 통한 발표 및 관련국과 ICAO(항공기 최대중량 5,700kg 이상)에 배포

그림 4.6 항공사고조사 진행단계

나. 항공사고조사절차

항공사고조사절차는 사고현장에서의 초동조치부터 최종발표까지 총 13단계로 진행된다. 1단계 사고현장에서의 초동조치, 2단계 잔해조사의 착수, 3단계 운항분야조사, 4단계 비행기록장치조사, 5단계 구조물 조사, 6단계 동력장치 조사, 7단계 시스템 조사, 8단계 정비관련 조사, 9단계 인적요소조사, 10단계 탈출, 수색, 구조 및 소화에 대한 조사, 11단계 폭발물에 의한 고의파괴에 대한 조사, 12단계 기술검토회의 도는 공청회, 13단계 최종발표 순으로 진행되며, 다음 <표 4.8>과 같다.

표 4.8 항공사고조사절차

단 계	내 용
(1단계) 사고현장에서의 초동조치	① 필요한 치료가 가능하도록 조치하며, 잔해를 화재나 추가 손상의 위험으로부터 안전하게 하며, 관련 국가당국 또는 위임기관에 통보하며, 방사성 동위원소 또는 방사성물질이 화물로서 운송될 가능성을 점검하고 적절한 조치를 취하며, 부속서 13에 규정한 경우를 제외하고 항공기를 불필요하게 움직이거나 만지지 않도록 감시요원을 배치하며, 사진이나 기타 적절한 방법으로 얼음, 연기 검댕이 등과 같은 일시적으로 생겼다가 없어지는 현상에 대하여 증거를 보존하는 조치를 취하며, 증언에 의해 사고조사에 도움을 줄 수 있는 목격자들의 이름과 주소를 확보한다. ② 구조작업 (Rescue Operations) ③ 경계 (Guarding) ④ 잔해에 대한 일반조사 (General Survey of the Wreckage) ⑤ 증거의 보존 (Preservation of the Evidence) ⑥ 예방대책 (Precautionary Measures) - 화재의 예방 (Precaution to be taken of the Evidence), 위험화물에 대한 예방
(2단계) 잔해조사의 착수	① 사고의 위치 (Accident Location) ② 사진 (Photography) ③ 잔해분포 차트 (Wreckage Distribution Chart) ④ 충돌자국과 파편의 검사 (Examination of Impact and Debris) ⑤ 수중의 잔해 (Wreckage in the Water)
(3단계) 운항분야조사	① 비행의 이력과 비행전, 비행중, 비행후의 운항승무원의 활동과 관련된 모든 사실을 조사하여 보고 - 승무원의 이력, 비행계획, 중량배분관계, 기상, 항공교통업무, 통신, 항법 - 비행장시설(항공기의 성능, 지시의 준수, 증인의 진술, 최종비행로의 결정, 비행의 순서)
(4단계) 비행기록장치 조사	① 비행자료기록장치와 조종실 음성기록장치를 포함 하며 최대의 이득을 얻기 위해 두장치가 일치되어야 한다. ② 비행자료기록장치 - 조사관에게 3차원 하에서의 항공기의 비행경로를 재구성하고 재구성된 비행에서 항공기의 자세를 결정하고 그러한 항공기의 비행경로와 자세를 만들게 한 항공기에작용한 힘을 평가하는 것이 가능토록 충분한 정보를 사고조사관에게 제공하는 것이다. ③ 조종실 음성기록장치

표 4.8 항공사고조사절차(계속)

단 계	내 용
(5단계) 구조물 조사	① 잔해의 재구성, 재료파괴의 유형, 착륙장치 및 비행조종장치를 포함한 기체 검사 ② 피로파괴의 인식, 정적파괴의 인식, 파괴의 순서, 하중적용의 모드, 전문가 검사 ③ 파괴면 조직검사
(6단계) 동력장치 조사	① 엔진, 연료, 오일과 냉각 시스템, 프로펠러와 그 조절유니트, 제트파이프와 추진 노즐, 역추력장치, 엔진장착대, 그리고 엔진이 하나의 유니트 안에 설치되는 경우 기체구조물에 그 유니트를 장착하는 장치, 방화벽과 카울링, 보조기어박스, 등속도 구동유니트, 엔진과 프로펠러의 방빙시스템, 엔진화재 탐지/소화시스템, 동력장치 조절장치가 포함된다. ② 프로펠러 조사로 얻을 수 있는 증거, 충격시 엔진의 성능, 소화기 시스템의 효용성 ③ 표본의 채취, 전문가 검사
(7단계) 시스템 조사	① 시스템 조사는 항공기 동력 장치에 포함되는 연료계통이나 오일계통, 항공기 구조에 포함되는 항공기 조타장치 계통 등과 같이 다른 주제에서 포함되는 계통들을 제외한 항공기 계통들에 대한 조사와 보고에 관한 사항을 다룬다. - 유압계통, 전기계통, 여압 및 공조계통, 방빙 및 방수계통, 계기류, 무선통신 및 무선항법장비, 비행조종계통, 화재탐지 및 방화계통(산소계통)
(8단계) 정비관련 조사	① 정비조사의 목적은 항공기의 정비 이력을 검토하여 다음사항을 결정하는데 있다. - 사고조사의 방향이나 중요한 특이 부분에 대하여 집중 하는데 기여 할 수 있는 정보 - 항공기가 지정된 표준에 따라 정비되었는지 여부 - 사고조사 과정에서 얻어진 사실정보에 대하여 지정된 표준을 만족시키는 여부
(9단계) 인적요소 조사	- 관계인에 대한 경험, 교육훈련 등 기준에 충족하는지 여부
(10단계) 탈출,수색,구조 및 소화에 대한 조사	- 경보접수, 출동, 요구조자 취급 및 처리, 재난 피해 확산방지를 위한 조치 등
(11단계) 폭발물에 의한 고의파괴에 대한 조사	- 테러 등에 의한 폭발 사고 가능성
(12단계) 기술검토회의 또는 공청회 (필요한경우 실시)	- 특정 사실정보에 대한 다양한 계층의 지식, 견해 등을 청취(분석에 참고)
(13단계) 최종발표	- 최종발표

4.2.3 사고 원인분류체계

항공사고는 발생유형, 위해요인, 이벤트에 대한 발생원인, 기여요인 등으로 분류하고 있다. 각 분류체계는 ICAO, 유럽항공청 등에서 규정하였으며, 「항공안전데이터 처리 및 활용에 관한 규정」의 별표 서식으로 제공하고 있다.

가. 발생유형 관련 표준분류

발생유형에 대한 표준분류는 ICAO에서 규정하였으며, 급기동, 비행 중, 이륙 또는 착륙, 운항준비 및 지상운항, 항공기 화재 및 고장, 항행 서비스 및 공항운영, 기상 등 기타 사항으로 구분된다. 또한 이벤트 유형 명칭은 국문과 영문으로 제시하고 약어(코드)와 각 정의에 대한 요약을 작성하여 제시하고 있다. 발생유형에 대한 표준분류는 다음 <그림 4.7>은 ICAO의 항공사고 발생유형 관련 표준분류 중 일부 내용을 발췌하였다.

이벤트유형 명칭(영문)	약어(코드)	정의 요약
가. 비행 중 (10개)		
1) 급기동 (Abrupt maneuver)	AMAN	비행 중, 항공기가 의도적으로 급기동을 하여 항공기의 안전이 저해된 경우
2) 공중충돌 (Mid-Air Collision)	MAC	비행중인 항공기 간 공중충돌, 근접비행, 분리치 미확보 등이 발생한 경우
3) 지형충돌 (Controlled Flight Into Terrain)	CFIT	비행 중, 항공기의 제어손실 없이 지표·수면 등과 충돌하였거나 충돌위험이 있었던 경우
4) 연료관리 (Fuel related)	FUEL	연료고갈·부족·관리실패·오염, 기화기/흡기계통 결빙 등으로 동력장치가 출력이 감소하였거나 정지한 경우
5) 활공기 견인 관련 (Glider towing related)	GTOW	활공기 등을 견인 중 항공기 안전이 저해 되었거나 저해될 우려가 있었던 경우(케이블 얽힘 등)
6) 조종제어 손실 - 비행중 (Loss of control In-flight)	LOC-I	항공기시스템 고장, 악기상, 항공기 운용한계 초과 등으로 조종상의 어려움이 발생하였거나 발생할 우려가 있었던 경우
7) 양력상실 (Loss of lifting condition en route)	LOLI	무동력 항공기가 비행 중 양력상실로 중도착륙을 한 경우
8) 저고도비행 (Low altitude operation)	LALT	지표면 가까이에서 비행 중 항공기가 장애물에 충돌하였거나 충돌위험이 있었던 경우(단, 이륙 또는 착륙 단계는 제외한다)
9) 항행오류 - 비행중 (Navigation error In-flight)	NAV-I	비행 중, 경로이탈 등 운항절차에서 벗어난 항행으로 항공기의 안전이 저해되었거나 저해될 우려가 있었던 경우
10) 계기비행기상상태 조우 (Unintended flight in IMC)	UIMC	시계비행방식(VFR)으로 비행하고 있는 항공기가 의도 또는 계획하지 않은 계기비행기상상태(IMC)에서 비행을 한 경우
나. 이륙 또는 착륙 (3개)		
1) 비정상적 활주로충돌 (Abnormal Runway contact)	ARC	이륙 또는 착륙 중, 항공기가 활주로 등에 비정상적으로 접촉·충돌한 경우
2) 장애물충돌 - 이착륙중 (Collision with obstacle during Take-off and Landing)	CTOL	이륙 또는 착륙 중, 항공기가 지상의 장애물 등과 충돌이 발생하였거나 발생할 우려가 있었던 경우
3) 활주로 미착·과착 (Undershoot/Overshoot)	USOS	착륙중 항공기가 착륙구역에 못 미치거나 또는 지나쳐 착지 또는 착지할 우려가 있었던 경우
다. 운항준비 및 지상운항 (9개)		
1) 비상탈출 (Evacuation)	EVAC	(a) 비상탈출 중 부상, (b) 불필요한 비상탈출 실시, (c) 비상탈출 장비 기능장애 등이 발생한 경우, (d) 비상탈출 자체가 사건의 심각도를 가중시킨 경우
2) 화재 - 충격 기인 (Fire - post impact)	F-POST	충격의 결과로 항공기에서 화재나 연기가 발생한 경우
3) 장애물충돌 - 지상운항중 (Ground Collision)	GCOL	지상운항 중, 항공기, 차량, 사람 등과 충돌하였거나 충돌위험이 있었던 경우
4) 지상조업 (Ground handling)	RAMP	지상조업 중 또는 지상조업으로 인해 항공기의 안전이 저해된 경우
5) 조종제어 손실 - 지상운항중 (Loss of control - ground)	LOC-G	지상운항 중, 항공기의 제어능력 손실이 발생한 경우
6) 항행오류 - 지상운항중 (Navigation error - ground)	NAV-G	지상운항중, 허가 받지 않은 유도로에 진입하는 등 운항절차에서 벗어난 항행을 한 경우
7) 활주로이탈 (Runway excursion)	RE	이륙활주 또는 착륙활주 중, 항공기가 활주로 측면 또는 끝단을 이탈하였거나 이탈할 우려가 있었던 경우
8) 활주로침범 (Runway Incursion)	RI	이륙 및 착륙을 위해 지정된 활주로 등의 보호구역에 항공기, 차량, 사람이 규칙에 어긋나게 진입한 경우
9) 야생동물충돌 (Wildlife)	WILD	지상운항 중, 항공기가 공항의 이동지역에 나타난 야생동물과 충돌하였거나 충돌위험이 있었던 경우
라. 항공기 화재 및 고장 (3개)		
1) 화재 - 충격 무관 (Fire - non impact)	F-NI	비행중이거나 지상에 있는 항공기에 충격과 무관하게 화재나 연기가 발생한 경우
고장 (System Component Failure) 2) 동력장치 외 (Non-Powerplant)	SCF-NP	발동기 외의 장비 및 부품 등에 고장·결함·손상 등이 발생한 경우
고장 (System Component Failure) 3) 동력장치 (Powerplant)	SCF-PP	발동기 시스템에 고장·결함·손상 등이 발생한 경우
마. 항행 서비스 및 공항운영 (2개)		
1) 항행서비스 (ATM/CNS)	ATM	부적절한 항행서비스 등으로 운항중인 항공기의 안전을 저해한 경우
2) 공항운영 (Aerodrome)	ADRM	공항 설계·기능 문제 등으로 주기 또는 운항중인 항공기의 안전을 저해한 경우
바. 기상 등 기타사항 (10개)		
1) 항공기결빙 (Icing)	ICE	운항 중, 항공기표면에 눈, 얼음, 서리 등의 결빙으로 항공기의 조종성능이 저해된 경우
2) 난기류 (Turbulence encounter)	TURB	비행 중, 항공기가 난기류에 조우하여 항공기 및 탑승자의 안전이 확보되지 않은 경우
3) 뇌우 (Wind Shear or Thunderstorm)	WSTRW	비행 중 윈드시어(Wind shear) 또는 뇌우에 조우하여 항공기의 안전이 저해된 경우
4) 조류충돌 (Bird strike)	BIRD	운항 중, 항공기가 조류와 충돌 또는 충돌위험이 있었던 경우
5) 객실안전 (Cabin safety events)	CABIN	항공기 객실의 안전이 확보되지 않았거나 확보되지 않을 우려가 있어 탑승자의 안전이 저해되었던 경우
6) 외부 인양물 (External load related)	EXTL	비행중 항공기의 외부 인양물 또는 탑재물 등으로 항공기 안전이 저해된 경우
7) 긴급환자 (Medical)	MED	운항 중, 항공기 승무원의 부상 및 긴급환자 등이 발생한 경우
8) 기타 (Other)	OTHR	여타 다른 유형에 해당되지 않는 경우로 항공기 운항안정이 저해 되었던 경우
9) 보안(Security Related)	SEC	보안 문제로 항공기의 정상운항이 저해된 경우
10) 원인미상(Unknown)	UNK	발생한 항공기사고등에 대한 사실정보가 불충분하여 유형 구분이 어려운 경우

그림 4.7 발생유형 관련 표준분류(항공안전데이터 처리 및 활용에 관한 규정 별표4)

나. 위해요인 분류체계

위해요인에 따른 분류체계는 조직적 위해요인, 환경적 위해요인, 인적 위해요인, 기술적 위해요인으로 구분되며, 위해요인별 운영, 유형, 분류목록으로 제시하고 있다.

조직적 위해요인은 감독당국, 관리, 문서/과정/절차 등의 서비스제공자로 구분되고 환경적 위해요인은 기상/자연재해, 지리학, 야생동물로 구분된다. 인적 위해요인은 급작스런 무력화, 감지하기 힘든 무력화/장애, 질병, 고정된 한계, 스트레스 자진관리, 정신-사회적 스트레스, 정신적 외상, 환경/직업, 잠재적 장애, 인지능력으로 구분된다. 기술적 위해요인은 항공사, 공항운영자, 항행서비스 기관, 제작 설계, 항공기 제조로 구분된다. 다음 <그림 4.8>은 항공사고 위해요인 표준분류 중 일부 내용을 발췌하였다.

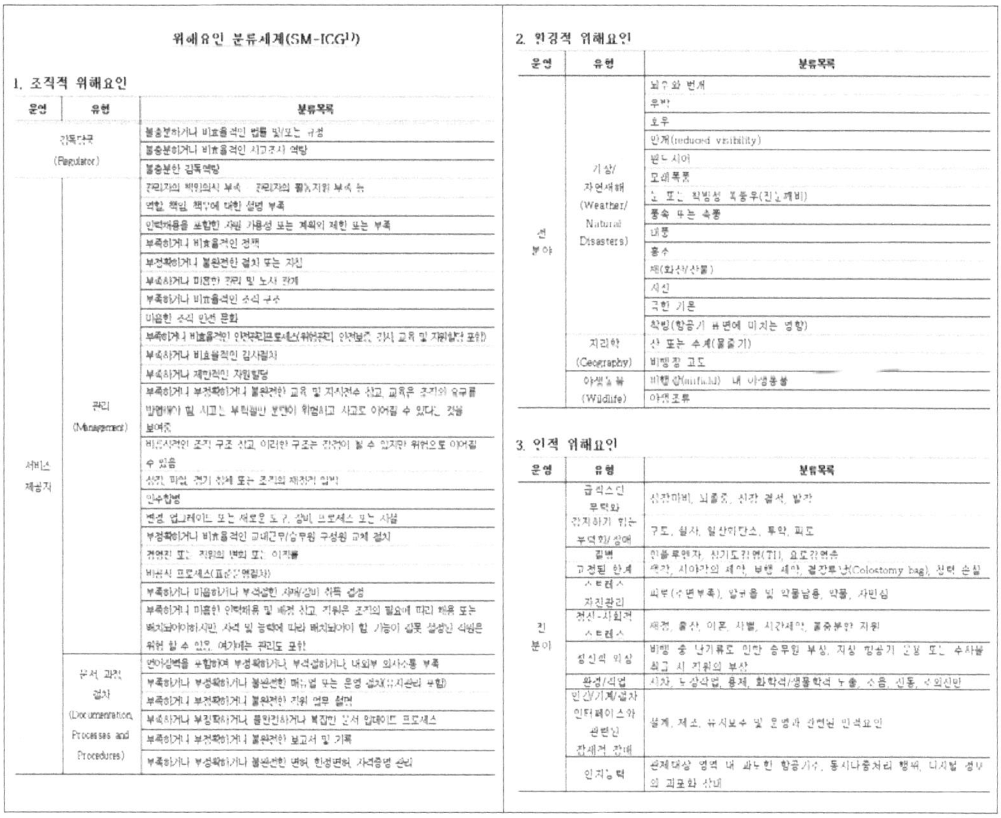

위해요인 분류체계(SM-ICG[1])

1. 조직적 위해요인

운영	유형	분류목록
서비스 제공자	감독당국 (Regulator)	불충분하거나 비효율적인 법률 및/또는 규정
		불충분하거나 비효율적인 사고조사 역량
		불충분한 감독역량
	관리 (Management)	관리자의 책임의식 부족, 관리자의 활동지원 부족 등
		역할, 책임, 책무에 대한 설명 부족
		인력채용을 포함한 자원 가용성 또는 계획의 제한 또는 부족
		부족하거나 비효율적인 정책
		부정확하거나 불완전한 결정 또는 지침
		부족하거나 미흡한 관리 및 노사 관계
		부족하거나 비효율적인 조직 구성
		미흡한 조직 안전 문화
		부족하거나 비효율적인 안전관리프로세스(위험관리, 안전보증, 감시, 교육 및 지원활동 포함)
		부족하거나 비효율적인 감사절차
		부족하거나 제한적인 자원할당
		부족하거나 부정확하거나 불완전한 교육 및 지식전수 사고, 교육은 조직의 요구를 반영해야 함 사고는 부적절한 분야이 위험하고 사고로 이어질 수 있다는 것을 보여줌
		비공식적인 조직 구조 사고, 이러한 구조는 간결이 될 수 있지만 위험으로 이어질 수 있음
		성장, 파업, 경기 침체 또는 조직의 재정적 압박
		인수합병
		변경, 업그레이드 또는 새로운 도구, 장비, 프로세스 또는 시설
		부정확하거나 비효율적인 교대근무/승무원 구성원 교체 절차
		경영진 또는 직원의 변화 또는 이직률
		비공식 프로세스(표준업무절차)
		부족하거나 미흡하거나 부적절한 자재/장비 취득 결정
		부족하거나 미흡한 인력배치 및 배정 사고, 직원은 조직의 필요에 따라 배치 또는 배치되어야하지만, 자격 및 능력에 따라 배치되어야 함, 기능이 잘못 설정된 직원은 위험 할 수 있음, 여기에는 관리도 포함
	문서, 과정, 절차 (Documentation, Processes and Procedures)	언어장벽을 포함하여 부정확하거나, 부적절하거나, 내외부 의사소통 부족
		부족하거나 부정확하거나 불완전한 매뉴얼 또는 운영 절차(유지관리 포함)
		부족하거나 부정확하거나 불완전한 직위 업무 설명
		부족하거나 부정확하거나 불완전하거나 복잡한 문서 업데이트 프로세스
		부족하거나 부정확하거나 불완전한 보고서 및 기록
		부족하거나 부정확하거나 불완전한 면허, 한정면허, 자격증명 관리

2. 환경적 위해요인

운영	유형	분류목록
전 분야	기상/자연재해 (Weather/Natural Disasters)	뇌우와 번개
		우박
		호우
		안개(reduced visibility)
		윈드 시어
		모래폭풍
		눈 또는 착빙성 폭풍우(진눈깨비)
		풍속 또는 속풍
		태풍
		홍수
		재(화산/산불)
		지진
		극한 기온
		착빙(항공기 표면에 미치는 영향)
	지리학 (Geography)	산 또는 수계(물줄기)
		비행장 고도
	야생동물 (Wildlife)	비행장(airfield) 내 야생동물
		야생조류

3. 인적 위해요인

운영	유형	분류목록
전 분야	급작스런 무력화와 감지하기 힘든 무력화/장애	심장마비, 뇌졸중, 신장 결석, 발작
		구토, 설사, 일산화탄소, 투약, 피로
	질병	인플루엔자, 신기도감염(TI), 요도감염증
	고정된 한계	색각, 시야각의 제약, 보행 제약, 결장루낭(Colostomy bag), 청력 손실
	스트레스 자진관리	피로(수면부족), 알코올 및 약물남용, 약물, 자만심
	정신-사회적 스트레스	재정, 출산, 이혼, 사별, 시간제약, 불충분한 지원
	정신적 외상	비행 중 난기류로 인한 승무원 부상, 지상 항공기 운항 또는 수사불 최고 시 직원의 부상
	환경/직업	시차, 누상작업, 용제, 화학적/생물학적 노출, 소음, 진동, 수외신만
	인간/기계/절차 인터페이스와 관련된 잠재적 장애	설계, 제조, 유지보수 및 운영과 관련된 인적요인
	인지능력	관제대상 영역 내 과도한 항공기수, 동시다중처리 행위, 디지털 정보의 과포화 상태

그림 4.8 위해요인 표준분류(항공안전데이터 처리 및 활용에 관한 규정 별표8)

건설사고 재해율 저감을 위한 해외 선진사례 조사 및 분석 연구

다. 이벤트에 대한 발생원인, 기여요인 등에 대한 분류

이벤트에 대한 발생원인, 기여요인 등에 대한 분류는 유럽항공청에서 규정하였으며, 운항·정비 분야, 관제분야, 공항분야로 구분된다. 운항·정비 분야는 기술, 조직, 운영, 보안으로 구분되고 관제 분야는 기술, 기타, 인적, 운영으로 구분되며, 공항 분야는 조직, 인적, 운영으로 구분된다. 구분되는 항목별 발생원인 구분과 세부내용을 제시하고 있으며, 이벤트에 대한 발생원인, 기여요인 등에 대한 분류는 다음 <그림 4.9>와 같다.

그림 4.9 이벤트에 대한 발생원인, 기여요인 등에 대한 분류(항공안전데이터 처리 및 활용에 관한 규정 별표9)

4.2.4 사고정보 수집 및 검증

항공사고가 발생하면 항공사고조사절차에 따라 정보를 수집하며, 항공사고조사위원회가 사고조사를 위해 우선 항공기 또는 초경량비행장치의 소유자, 제작자, 탑승자, 항공사고 등의 현장에서 구조 활동을 한 자와 관계인에게 보고 또는 관련 자료를 제출하도록 요구한다. 또한, 사고현장, 항공기, 관계된 물건을 검사한다. 항공사고 등 관계인에게 출석을 요구하여 질문하여 정보를 수집한다. 항공사고조사위원회는 사고조사를 위하여 분야별 관계 전문가를 포함한 항공사고조사단을 구성하고 운영하여 사고조사보고서를 작성한다.

사고조사보고서는 크게 사실정보, 분석, 결론, 안전권고로 구분되며, 사실정보는 비행경위, 인명피해, 항공기손상, 기타손상, 인적정보, 항공기정보, 기상정보, 항행시설, 통신, 비행장정보, 비행기록장치, 잔해 및 충격정보, 의학 및 병리학적 정보, 화재 등의 사고조사를 통해 일반적으로 수집되는 내용으로 작성되며, 분석은 기상분석, 비행기록장치 자료분석 등 분석적인 내용이 작성된다. 다음은 위원회의 총괄적인 조사결론과 원인에 대해 작성하고 해당 사고의 주체에게 안전권고를 작성하여 제시하고 있다. 다음 <그림 4.10>은 항공기 사고 조사보고서 예시이다.

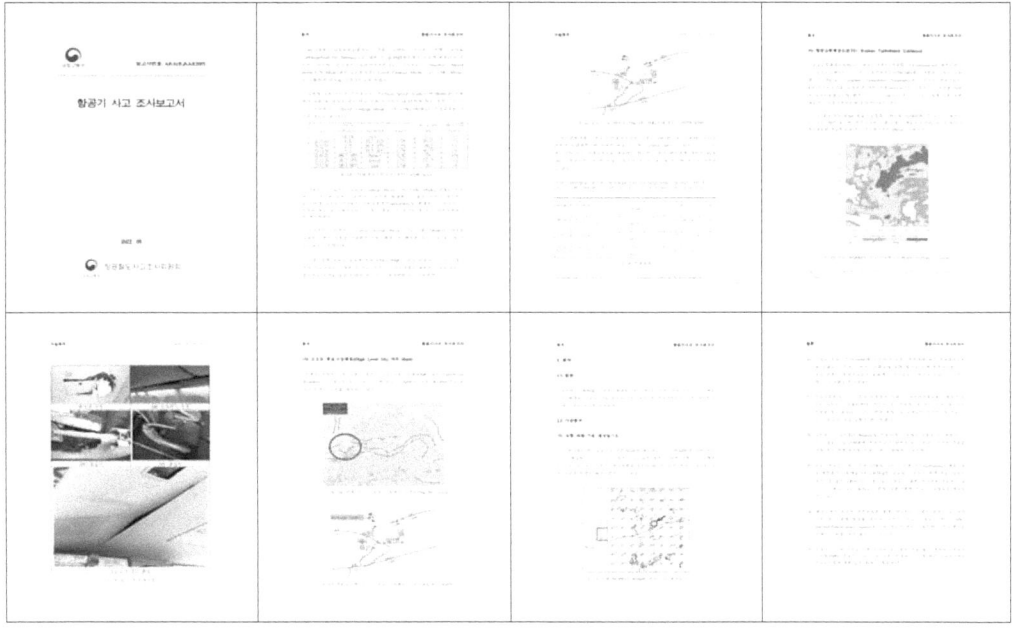

그림 4.10 항공기 사고 조사보고서 예시(OOO 항공기사고, 2020)

※ 자료 : 항공철도사고조사위원회 홈페이지(https://araib.molit.go.kr)

4.2.5 사고조사자 교육체계

항공과 관련한 모든 교육은 한국교통안전공단의 항공교육훈련포털에서 진행하고 있다. 한국교통안전공단은 「항공안전법」제77조 및 동법 제220조, 운항기술기준 제3장에 따라 국토교통부 지정 항공훈련기관으로 안전관리과정을 인가받아 교육 운영하고 있다. 포털에서는 상공조사자, 경량항공기, 초경량비행장치에 대한 운행, 정비, 위험관리 등의 교육을 진행하고 있다.

항공사고 조사자에 대한 전문교육은 공군 항공안전단에서 진행하고 있다. 공군 항공안전단은 항공사고조사의 주업무 이외 전문교육을 진행하고 있다. 국토교통부, 행정안전부 등의 인가된 교육과정을 진행하며, 이 중 국토교통부 인가 과정의 항공기사고조사 과정이 있다. 본 교육은 매년 정기적으로 1회 실시하고 있으며, 10일간 총 80시간의 교육을 진행한다. 다음 <표 4.9>는 공군 항공안전단에서 시행하는 항공 사고조사자 교육 현황이다.

표 4.9 항공 사고조사자 교육 현황(공군 항공안전단)

구 분	내 용
개 요	- 연간 1회, 10일간 총 80시간 교육
교육목적	- 항공정비분야 안전관리에 필요한 지식과 기법을 습득시키고 이를 현장에 적용할 수 있는 능력을 배양하기 위함
교육목표	- 사건발생 원인, 안전관리, 안전문화 및 교범에 대한 학습 - Maintanance Human Error에 대한 학습 - 위해요소, 위험관리에 대한 이해 및 분석 기법 습득 - 정비 작업 근무 환경, 교대근무 및 피로의 영향 학습 - 인간의 성능 및 한계 인식 학습 - 정비 분야 주요 사고 원인(Dirty Dozen)과 Safety Net 학습
교육대상	- 육·해·공군 항공기 무기정비 분야 관리감독자 및 임무요원 - 정부/민간 기관 항공정비 업무 담당자
교육내용	- 안전관리 - 안전문화 - 피로관리 - 정비 에러와 토의 - Human Perfarmance / Limitation - 안전 위험관리 - Dirty Dozen과 사례토의 - 정비작업환경의 이해 - CRM

※자료 : 대한민국 공군 항공안전단 홈페이지(https://safety.airforce.mil.kr/azq30/)

4.3 기타 사례 조사·분석

재난분야는 재난원인조사 연구를 2012년부터 현재까지 진행 중에 있다. 재난분야의 재난원인조사에 대한 연구는 2012년에 과학적 재난원인분석을 위한 재난정보 수집·분석체계 중장기 전략 기획을 수립하여 시작하였다. 이후 2014년 재난원인과학조사 운영전략 및 현장지원 기술 개발, 2015년 재난 프로파일링 기반 과학적 재난분석체계 구축의 핵심기술, 2017년 재난원인 현장 감식 기술개발, 2017년 재난원인 Forensic 조사·분석 최적 기법 연구, 2018년 재난원인 조사·분석을 위한 다중조사 기법 개발, 2021년 재난원인조사 발전전략 수립 기획연구 등 최근까지 활발한 연구를 진행하고 있는 실정이다. 또한, 재난원인 조사인력에 대해 국내 여러기관에서 교육을 시행하고 있다. 본 장에서는 재난분야의 재난원인 조사인력에 대한 국내 교육 및 훈련체계 현황을 수록하였다.

4.3.1 재난원인 조사인력 교육 및 훈련체계

재난원인 조사인력에 대한 교육은 국립과학수사연구원과 한국산업안전보건공단에서 시행하고 있다. 국립과학수사연구원은 기관의 과학수사라는 특성을 고려하여 전직원을 대상으로 교육을 진행하고 있다. 신규직원은 기본업무교육으로 법의학 감정, 법 생화학 감정, 법공학 감정을 교육하고 있고, 교육 수료 후 2년 내 직무교육을 시행하고 있다. 직무교육은 공구흔, 유리파손흔, 충격접촉흔, 단락흔, 총기감정, 폭발물 감정, 기계안전사고, 전기안전사고, 폭발안전사고에 대해 3~4시간 정도 진행한다. 교육평가는 80점 이상인 경우 인증서를 발급하고 80점 이하는 우선 재평가를 진행한 후 다시 80점 이하일 경우 재교육을 받는다.

또한, 기본소양, SOP연구, 교재연구, 장비 및 기기사용법 등 기초소양교육과 기계안전사고, 전기안전사고, 폭발안전사고의 안전사고기본교육을 진행한다. 기초소양교육은 강의 34시간, 실습 56시간이며, 안전사고 기본교육은 강의 30시간, 실습 30시간으로 구성되어 있다. 5~7년차 대상으로 중견직원 직무교육은 공통과 법안전과로 구분하여 교육을 진행하고 있다.

한국산업안전보건공단은 조사인력을 대상으로 전문화교육을 진행하고 있으며, 화학사고분석 및 재발방지대책, 사고결과분석(CA), 사고빈도분석(FTA, ETA), 위험성평가 전문가 양성 등의 과목에 대해 과목당 최소 11시간에서 최대 34시간 교육을 진행하고 있다. 다음 <표 4.10>은 재난원인 조사인력 교육 현황이다.

표 4.10 재난원인 조사인력 교육 현황

기관	교육과정	교육내용	세부교육내용	시간 강의	시간 실습	비고
국립과학수사연구원	신규직원 기본업무 교육	법의학 감정	법의학 감정 이해	-		신규직원 대상 수료 과목
		법 생화학 감정	법유전자(DNA) 감정 이해	-		
			마약류 감정 이해			
			약독물 감정 이해			
			법화학(미세증거물)적 감정이해			
		법공학 감정	법안전(안전,화재, 총기·흔적) 감정이해	-		
			디지털(문서) 감정 이해			
			교통사고분석의 이해			
			범죄와 심리학			
	신규직원 직무교육	공구흔	특이 흔적의 연출, 절단흔, 비교판단	3		교육 수료 후, 2년 내 평가/ 80점 이상 인증서 발급, 이하 재평가 및 재교육
		유리파손흔	유리의 파괴 과정, 발사체에 의한 파괴 등	3		
		충격접촉흔	충격흔의 정합, 충격 접촉의 방향 등	3		
		단락흔	단락의 의미, 단락흔의 형태	3		
		총기감정	총기 감정의 개념 및 사례	3		
		폭발물 감정	폭발물의 개념, 폭약 폭발 감정 사례	3		
		기계안전사고	기계안전사고의 개념 및 사례	4		
		전기안전사고	전기안전사고의 개념 및 사례	4		
		폭발안전사고	폭발안전사고의 개념 및 사례	4		
	기존직원 기초소양 교육	기본소양	감정의 법적 정의, 증인 출석 등	2	2	강의 34시간 실습 56시간
		SOP연구	법안전 분야의 SOP	2	10	
		교재연구	NFPA921	2	10	
		장비 및 기기사용법	디지털사진기, 적외선현미경, X-RAY, 실제현미경, 자외선필터 등	28	34	
	기존직원 안전사고 기본교육	기계안전사고	하중의 계산, 구조물의 붕괴 등	12	12	강의 30시간 실습 30시간
		전기안전사고	전기이론, 감전경로, 지락사고 등	12	12	
		폭발안전사고	가스·증기 폭발, 화학 반응 폭발 등	6	6	
	중견직원 직무교육	공통	법원 증인 출석 대응 교육 등	-	-	5~7년차 대상 교육
		법안전과	감정서 리뷰를 통한 교육 등	-	-	
한국산업안전보건공단	전문화 교육	화학사고분석 및 재발방지대책, 사고결과분석(CA), 사고빈도분석(FTA,ETA), 위험성평가 전문가 양성 등		과목당 11~34시간		-

※ 자료 : 재난원인 Forensic 조사·분석 최적 기법 연구(국립재난안전연구원, 2017)

4.4 타기관 사례 시사점

건설사고 조사체계 개선을 위한 승강기 사례, 항공 사례, 재난분야 사례를 조사·분석하였다. 사례별 한국승강기안전공단, 항공철도사고조사위원회의 사고조사 조직 및 인력, 사고조사 및 대응 절차, 사고 원인분류체계, 사고정보 수집 및 검증, 사고 정보 분석 및 환류체계, 사고조사자 교육체계 등 현황과 재난분야의 재난조사인력 교육체계 등의 사례를 조사하였다.

가. 조직 및 인력

한국승강기안전공단은 초동조사반과 전문조사반(내부2인, 외부1인)으로 구성하며, 사고시험, 검사 등의 전담 부속기관인 승강기안전기술원을 운영하고, 국과수·경찰청 등과 MOU 체결 등으로 상호 정보공유 체계를 구축하고 있다. 또한, 상시조직은 처 단위이며, 업무를 고려하여 실 단위로 구성하고 있다.

항공철도사고조사위원회는 기준팀, 운영지원팀, 항공조사팀, 사고조사분석팀으로 구분되어 조사 및 분석팀 이외에 행정을 지원하는 팀을 구성하여 전문성 있는 조직체계를 운영하고 있다.

나. 사고조사 및 대응 절차

한국승강기안전공단은 사고 발생 시 국가승강기정보센터를 통해 대국민 신고 또는 언론보도 모니터링을 통해 사고를 인지하고 본사 사고조사실에 사고를 통보한 후 24시간 이내 해당 지사의 초동조사반이 사고를 조사한다. 사고조사는 사고 경위에 따라 초동조사와 전문조사, 승강기사고조사위원회의 조사로 구분된다.

항공철도사고조사위원회는 사고 발생 시 초동조치 후 잔해조사, 운항분야조사, 비행기록장치조사, 구조물조사, 동력장치 조사, 시스템 조사, 정비관련 조사, 인적요소 조사, 탈출/수색/구조 및 소화에 대한 조사, 폭발물에 의한 고의파괴에 대한 조사 후 기술검토회의 또는 공청회 이후 최종발표를 진행한다.

다. 사고원인분류체계

한국승강기안전공단은 사고 원인별 분류기준을 이용자 과실, 작업자 과실, 관리주체 과실, 유지관리 업체 과실, 제조업체 과실로 구분한다.

항공철도사고조사위원회는 발생유형 관련 표준분류, 위해요인 분류체계, 이벤트에 대한 발생원인, 기여요인 등에 대한 분류로 구분한다. 발생유형 관련 표준분류는 ICAO에서 규정하였으며, 급기동, 비행 중, 이륙 또는 착륙, 운항준비 및 지상운항, 항공기 화재 및 고장, 항행 서비스 및 공항운영, 기상 등 기타사항으로 구분한다. 위해요인 분류체계는 조직적 위해요인, 환경적 위해요인, 인적 위해요인, 기술적 위해요인으로 구분한다. 또한, 이벤트에 대한 발생원인, 기여요인 등에 대한 분류는 운항·정비 분야, 관제분야, 공항분야로 구분된다. 운항·정비 분야는 기술, 조직, 운영, 보안으로 구분한다.

라. 사고정보 수집 및 검증

한국승강기안전공단은 초동조사, 전문조사, 승강기사고조사위원회를 통해 사고정보를 수집하고 있다. 사고정보는 승강기 중대한 사고·중대한 고장 신고서와 사고조사반 활동계획서, 승강기 사고 조사결과 보고서를 작성하여 제공하고 있다.

항공철도사고조사위원회는 사고조사를 위해 우선 항공기 또는 초경량비행장치의 소유자, 제작자, 탑승자, 항공사고 등의 현장에서 구조 활동을 한 자와 관계인에게 보고 또는 관련자료를 제출하도록 요구한다. 또한, 사고현장, 항공기, 관계된 물건을 검사한다. 항공사고 등 관계인에게 출석을 요구하여 질문하여 정보를 수집한다. 항공사고조사위원회는 사고조사를 위하여 분야별 관계 전문가를 포함한 항공사고조사단을 구성하고 운영할 수 있다. 조사단 운영을 통해 항공사고에 대한 전반적인 정보를 수집하여 사고조사보고서를 작성한다.

마. 사고조사자 교육체계

승강기 사고와 관련한 사고조사자 교육은 '승강기 사고조사 및 승강기사고 조사위원회 운영규정' 제8조에 따라 사고조사관의 직무 수행능력 배양 등을 위해 연간 교육훈련계획을 수립하여 시행해야 한다. 교육훈련은 직무교육훈련, 정기교육훈련으로 구분되며, 직무교육훈련은 신규보직을 받은 사람에게 실무 수행능력을 배양하기 위해 실시하는 교육훈련 및 사고 조사 등에 관한 교육이다. 직무교육훈련은 사고조사와 관련한 법에 대한 이해, 승강기 사고조사 실무, 사고현장 안전 교과목으로 구성되며, 신규교육이기에 1번 시행하고 있다. 정기교육훈련은 관련 법령 및 규정의 변경, 신기술의 도입 등에 따른 필요한 지식과 기량을 습득하도록 하기 위해 주기적으로 실시하는 교육훈련이며, 연간 3시간~5시간 정도 시행하고 있다.

항공 사고조사자에 대한 교육은 공군 항공안전단에서 연간 1회, 10일간 총 80시간 교육을 시행하고 있다. 교육은 항공정비분야 안전관리에 필요한 지식과 기법을 습득시키고 이를 현장에 적용할 수 있는 능력을 배양하기 위함이다.

재난분야의 재난원인 조사인력 교육은 국립과학수사연구원과 안전보건공단에서 시행하고 있다. 국립과학수사연구원은 신규직원에 대한 기본업무 교육과 직무교육으로 구분하며, 교육 수료 후에 기초소양교육, 안전사고기본교육, 중견직원직무교육으로 구분하고 있다. 신규직원 직무교육은 교육 수료 후 2년 내 평가를 수행하고 평가 결과 80점 이상인 경우 인증서를 발급하고 80점 이하인 경우 재평가 및 재교육을 시행한다. 기초소양교육은 강의 34시간 실습 56시간이며, 안전사고기본교육은 강의 30시간 실습 56시간으로 구분된다. 한국산업안전보건공단은 화학사고분석 및 재발방지대책, 사고결과분석(CA), 사고빈도분석(FTA, ETA), 위험성평가 전문가 양성 등 과목당 11~34시간으로 편성되고 있다.

제 5 장

건설사고 조사체계(안) 마련

5.1 건설사고 원인분류체계 개선방안

5.2 건설사고 정보수집 및 절차 개선방안

5.3 건설사고 정보 분석 및 환류체계(안)

5.4 건설사고 조사 교육체계(안)

5.5 건설사고 조사 운영(안) 마련

5.6 법·제도 개선방안

5.7 제언사항

제5장 건설사고 조사체계(안) 마련

건설사고 조사체계(안)은 건설사고 조사체계 현황·분석, 해외사례 조사·분석 및 시사점 도출, 타기관 사례 조사·분석 및 시사점 도출을 통해 마련하였다. 건설사고 조사체계는 건설사고 조사 및 대응 절차와 건설사고 원인분류체계, 건설사고 정보수집, 건설사고 정보 분석 및 환류체계에 대해 분석하였다. 또한, 해외사례는 영국, 일본, 싱가포르에 대해 조사·분석하여 시사점을 도출하였고, 타기관 사례는 승강기, 항공, 기타 등에 대한 조사·분석 및 시사점을 도출하였다.

건설사고 조사체계(안)은 총 6개에 대해 마련하였으며, 첫 번째는 건설사고 원인분류체계 개선방안을 제시하였다. 두 번째는 건설사고 정보수집 및 절차 개선방안을 마련하고 세 번째는 건설사고 정보 분석 및 환류체계(안)을 마련하였다. 다음으로 네 번째는 건설사고 조사 교육체계(안)을 마련하고 다섯 번째는 건설사고 조사 운영(안)을 제시하였다. 마지막 여섯 번째는 법·제도 개선방안을 마련하여 제시하였으며, 건설사고 원인조사·분석 방법/기법 및 현장지원기술 개발, 시범적용 등에 대해서는 제언사항으로 제시하였다. <그림 5.1>은 건설사고 조사체계(안)에 대한 마련 절차를 나타낸 것이다.

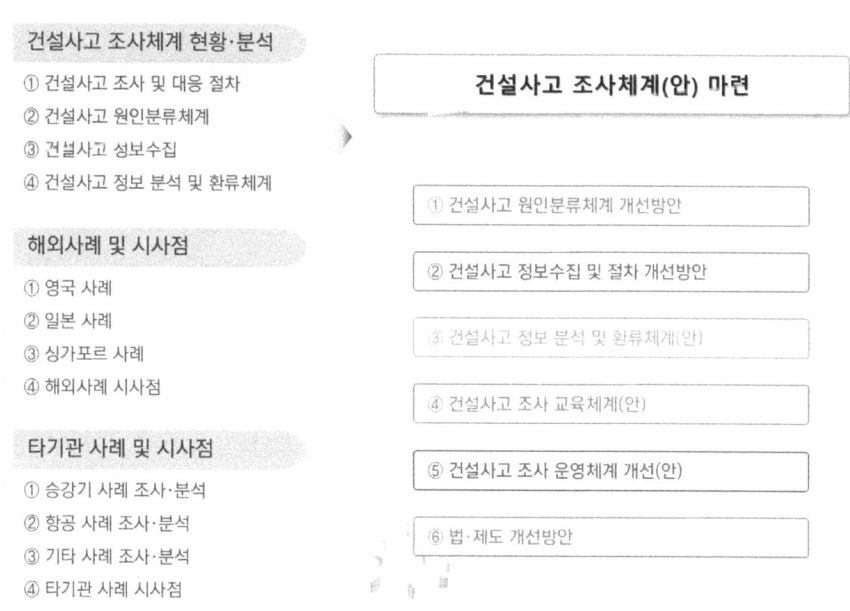

그림 5.1 건설사고 조사체계(안) 마련 절차

5.1 건설사고 원인분류체계 개선방안

건설사고 정보 중 사고원인 정보 체계가 다소 미흡하여 건설현장 점검과 제도개선 등으로의 환류가 곤란한 실정이다. 사고원인 등의 정보에 대한 원인분류체계를 개선하여 수집 정보의 신뢰성 제고가 필요하다. 현재 건설사고 원인분류체계는 사고원인 정보를 사고원인 정보는 관리적요인, 설계적요인, 시공적요인, 재료적요인, 환경적요인으로 총 5개 유형과 기계적 결함, 작업공간, 협소, 과적운행, 작업자의 단순과실, 부주의 등 507개의 사고원인(주원인) 정보로 관리되고 있다.

본 장에서는 대분류/중분류/소분류 체계로 개선하고 세부원인(주원인) 정보 그룹화를 통해 중분류화 하여, 대분류를 설계와 시공으로 구분한 건설사고 원인분류체계와 대분류를 설계, 시공, 불안전행동으로 구분하고 중분류와 소분류를 일부 보완하는 방안을 제시하였다. 다음 <그림 5.2>는 건설사고 원인분류체계 개선방안 모식도이다.

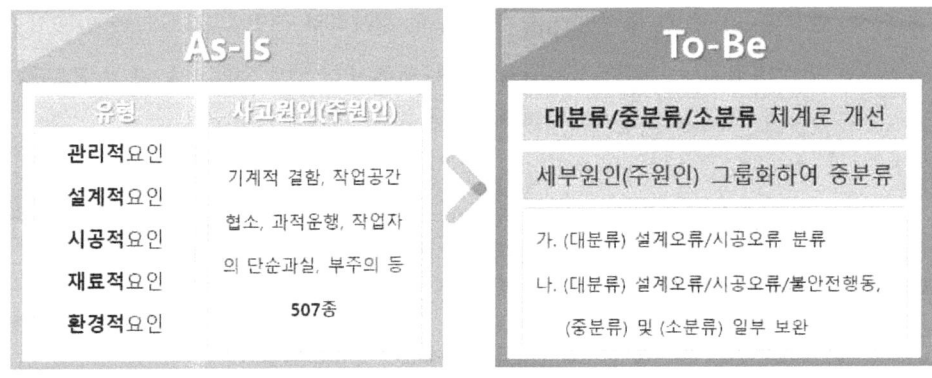

그림 5.2 건설사고 원인분류체계 개선방안 모식도

5.1.1 (대분류) 설계오류/시공오류 분류

기존 건설사고 원인분류체계를 대분류/중분류/소분류 체계로 개선하여 대분류는 설계오류와 시공오류 2개와 중분류 15개, 소분류 62개로 개편하고 소분류 이하 세부정보는 관리원에서 별도 확보하고 관리하는 방안을 제시하였다. 대분류 설계오류는 사전조사 미흡, 기준적용 오류, 구조검토 미흡, 상세작성 미흡, 공법선정 미흡, 행정조치 미흡으로 총 6가지 중분류로 구분되며, 소분류는 총 11개이다. 시공오류는 임의시공, 사전검토 미흡, 시공계획 미준수, 시공불량, 현장계측 미흡, 기계장비 관리 미흡, 행정조치 미흡, 안전환경 미제공, 안전수칙 미준수로 총 9가지 중분류로 구분되며, 소분류는 51개이며, 다음 <표 5.1>과 같다.

표 5.1 사고원인 분류체계 : (대분류) 설계오류/시공오류 분류

대분류	중분류	소분류
설계오류	사전조사 미흡	- 지반조사 미흡, 지하매설물 조사 미흡
	기준적용 오류	- 설계기준 미준수
	구조검토 미흡	- 구조검토 미실시, 구조계산 오류
	상세작성 미흡	- 상세 미작성, 상세작성 부실
	공법선정 미흡	- 적정 공법검토 미흡
	행정조치 미흡	- 설계안전성 평가 관리 미흡, 가설구조물 구조검토 관리 미흡 - 지하안전영향평가 관리 미흡
시공오류	임의시공	- 시공 계획 미수립, 구조검토 없이 시공
	사전검토 미흡	- 사전 설계도서검토 미흡, 안전관리계획 수립 미흡
	시공계획 미준수	- 시공기준 미준수, 시공순서 미준수
	시공불량	- 구조안전 미확보, 시공품질 미확보
	현장계측 미흡	- 품질관리 미흡, 시공관리 미흡, 작업자 자격관리 미흡 - 계측데이터 관리 미흡, 작업관리자 미입회
	기계장비 관리미흡	- 기계장비 정기점검 미흡, 작업전 점검 미흡 - 설치·해체과정 관리 미흡, 운전자 자격관리 미흡 - 부적정 기계장비 사용 통제 미흡
	행정조치 미흡	- 안전관리계획 관리 미흡, 설계변경 조치 미흡 - 관계자 배치 미흡(인원수, 자격 등), 관계자 관리 미흡
	안전환경 미제공	- 위험정보 미제공, 통제구역 표식 미설치, 안전난간 설치 미흡 - 안전발판 설치 미흡, 안전대 부착설비 미설치 - 추락방지망 설치 미흡, 개인 안전보호구 미제공 - 안전교육 미실시, 휴게환경 미제공 - 밀폐공간 유해가스 관리 미흡, 신호수 미배치 - 불량자재 관리 미흡, 화재대응 대책 미흡
	안전수칙 미준수	- 통제구역 출입, 개인 안전보호구 미착용, 개인 안전보호구 착용 불량 - 기계장비 안전장치 미작동, 작업순서 미준수, 화기 취급 미흡 - 작업자 부주의, 작업자의 불안전한 행동, 낙하위험물 방치 - 단독작업, 사다리 사용 수칙 미준수, 작업자 통제 미흡 - 신호수 통제 미이행, 유해가스 측정 미흡 - 기계장비 불안전한 거치, 작업자 건강상태 확인 미흡

다음 <표 5.2>는 사고원인 분류체계 : (대분류) 설계오류/시공오류 분류에 대한 세부 분류체계이다. 세부분류체계는 소분류에 구분되는 정보에 대해 확인이 가능하며, 지반조사 미흡의 경우, 근입심도 부족, 단층파쇄대, 사면활동, 석회암 공동, 석회암 파쇄대 등의 관련 정보가 있다.

또한, 중분류 및 소분류 중 용어에 대한 이해를 돕기 위해 해설이 필요할 것으로 판단되며, 시공오류의 현장계측 미흡은 발주(감리)자 등이 현장에서 실시해야 하는 주요공정 미입회, 작업자의 작업상황 관리 부실, 품질 및 시공상태 미확인, 각종 계측관리 미흡을 의미한다.

시공오류의 시공불량의 구조안전 미확보는 데크플레이트 하부 강재빔의 용접불량, 동바리 설치불량, 거푸집 전도조치 부실, 폼타이 부실 체결, 작업발판 하부 지지대 부실 등을 말하며, 시공오류의 행정조치 미흡의 관계자 관리 미흡은 감리자 현장관리 미흡, 행정조치상의 관계자(자문 등) 활용 미흡을 의미한다.

시공오류의 안전환경미제공의 불량자재 관리 미흡은 로프 및 체결 자재 불량, 규격미달 자재 사용을 말하며, 시공오류의 안전수칙 미준수의 작업자 부주의는 발걸림, 개구부 미인지 등 위험환경을 파악하지 못함을 말한다.

시공오류의 안전수칙 미준수의 작업자의 불안전한 행동은 비계의 상하 이동, 개구부 창문 걸터 앉음, 물웅덩이 무단 입수 등 위험을 알고도 행동을 의미한다. 또한 시공오류의 안전수칙 미준수의 단독작업은 작업 특성상 단독작업이 불가한 상황에서 작업실시를 의미한다.

표 5.2 사고원인 분류체계 : (대분류) 설계오류/시공오류 세부 분류

대분류	중분류	소분류
설 계 오 류	사전조사 미흡	지반조사 미흡 - 근입심도 부족, 단층파쇄대, 사면활동, 석회암 공동, 석회암 파쇄대, 쐐기형 절리, 쐐기형 파쇄대, 연약단층대, 연약대 및 절리, 이토 슬라이딩, 조사심도와 근입심도 차이, 지반 함수량 증가, 지반붕괴, 지반상태 불량, 지반침하, 지하수 유입, 지하수 침투, 토사 자중증가, 토사층, 파쇄대, 파이핑, 편암, 풍화암층, 풍화암층 파쇄대, 풍화토, 히빙, 지하수압 증가, 보일링, 불연속면 미립자 유실 및 이완하중 증가 지하매설물 조사 미흡 - 좌굴강도 부족, 지장물 조치 미흡
	기준적용 오류	설계기준 미준수 - 경사각 미준수, 시공하중, 굴착면 기울기, 락볼트 설치간격, 설계기준 미준수, 작업자 하중, 작업하중, 절취면 기울기, 줄파기공 미실시, 지지구조물 설치 미흡, 콘크리트 유동화, 크리프 및 건조 수축에 의한 영향, 타설 미흡(하중 속도 순서 등), 편하중, 포스트텐셔닝 및 크리프, 동결융해, 적재하중
	구조검토 미흡	구조검토 미실시 - 공기역학적 하중, 구조기준 미준수, 전단변형 미고려, 지보조치 미흡 구조계산 오류 - 가물막이 단부 붕괴, 강성 부족, 거푸집 긴결재/앵커 위치, 거푸집 긴결재/앵커 해체, 과도한 토압, 침하, 용접부 탈락, 상재하중, 하중 편차, 세그먼트 처짐, 앵커/버팀보 등 파괴, 앵커강도 미흡, 앵커볼트 파손, 연결부 파손, 응력집중, 전단철근 보강보의 전단 부족, 좌굴강도 부족, 자중에 의한 처짐, 지지대 연결부 파손, 지지부재 파단, 탈락, 토압, 파손, 폼타이 볼트 용접부위 파단
	상세작성 미흡	상세 미작성 - 동바리 조립도 미작성, 조립도 미작성, 철근 전도방지 미조치, 터널 지보공 미흡, 해체계획 미수립 상세작성 부실 - 부주의, 인양로프 해체방법 미흡, 인양방법 불량, 조립도 작성시 좌굴 미고려, 단차발생, 하중의 지지상태 미흡
	공법선정 미흡	적정 공법검토 미흡 - 가새 미설치, 락볼트 정착방법, 발파에 의한 균열, 보일링, 부동침하, 분할 시공, 과하중, 취약부위 지반굴착, 해체방법 부적정, 지하수 유입, 지하수 침토
	행정조치 미흡	설계안전성 평가 관리 미흡 - 설계시 작업하중과 장비하중의 실중량 미고려, 설계조건과 상이, 철거 잔재물 적치 가설구조물 구조검토 관리 미흡 - 부적절한 흙막이 설치, 흙막이 가시설 설치미흡 지하안전영향평가 관리 미흡 - 지형조건과 설계해석조건 상이
시 공 오 류	임의시공	시공 계획 미수립 - 시공계획서 미작성, 동바리 조립도 미작성, 해체계획 미수립, 사면활동, 배수처리 미흡, 조립도 미작성 구조검토 없이 시공 - 설계도서 임의변경 시공, 공기역학적 하중, 구조안전성 미검토, 중량물 운반, 수직철도 전도, 우수유입, 조립도 작성시 좌굴 미고려

표 5.2 사고원인 분류체계 : (대분류) 설계오류/시공오류 세부 분류(계속)

대분류	중분류	소분류
시 공 오 류	사전검토 미흡	**사전 설계도서검토 미흡** - 사면활동, 파이핑, 히빙, 상재하중, 토사 자중증가, 토압, 편하중, 히빙, 보일링, 부등침하, 불연속면 미립자 유실 및 이완하중 증가, 석회암 공동, 석회암 파쇄대, 시공계획서 및 시공상세도 미준수, 시공상세도 및 구조검토 미흡, 쐐기형 절리, 쐐기형 파쇄대, 암반층 파쇄대, 연약단층대, 연락대 및 절리, 지반교란, 이토 슬라이딩, 작업 공간 협소, 작업전 부석, 저수유입, 조사심도와 근입심도 차이, 자중에 의한 처짐, 지반 함수량 증가, 지반상태 불량, 설계조건과 상이, 지반침하, 지하수유입, 지하수 침투, 지하수압 증가, 토사유실, 단차발생, 토사 자중증가, 토사층, 파쇄대, 편암, 편하중, 풍화암층, 풍화암층 파쇄대, 풍화토 **안전관리계획 수립 미흡** - 줄파기공 미실시
	시공계획 미준수	**시공기준 미준수** - 강성 부족, 설계조건과 상이, 가새 미설치, 거푸집 긴결재/앵커 위치, 거푸집 긴결재/앵커 해체, 경사각 미준수, 동절기 콘크리트 타설, 방호시설 미설치, 버팀대 설치 미흡, 버팀목 미설치, 보강재 미설치, 부적절한 흙막이 설치, 붐대 미삽입, 설계두께 미준수, 수직재 연결핀 미설치, 흙막이 가시설 설치미흡, 토사반출 방법 불량, 과도한 굴착, 과도한 변형, 굴착면 기울기, 근입심도 부족, 락볼트 설치 미설치, 버팀대 미설치, 보강재 미설치, 복공판 미설치, 설치 미흡, 설계기준 미준수, 설계도서 임의변경 시공, 설계도서와 불일치한 자재 사용, 설계두께 미준수, 인양 및 선회 작업순서 불량, 전용 달기구 미사용, 절취면 기울기, 지지대 연결부 파손 **시공순서 미준수** - 강도 발휘전 해체, 작업순서 미흡, 굴착시기 불량, 해체방법 부적정, 적재하중, 과도한 토압, 굴착공법 및 순서 불량, 설치작업순서 미준수, 시공순서 불량, 파손
	시공불량	**구조안전 미확보** - 유압잭 상성 미확보, 지보조치 미흡, 지지대 미설치, 가물막이 단부 붕괴, 가새 설치 미흡, 과하중, 시공하중, 구조기준 미준수, 구조안전성 미검토, 굴착면 기울기, 편토압 작용, 버팀대 미설치, 하중의 지지상태 미흡, 흙막이 가시설 설치미흡, 강성부족, 구조조립상태 불량, 목표 용접강도 미확보, 버팀대 설치 미흡, 분할 시공, 설치방법 불량, 수직재 연결핀 미설치, 실린더힌지 고정판 파단, 아웃트리거 받침대 파단, 작업하중, 전단변형 미고려, 전단철근보강보의 전단 부족, 좌굴강도 부족, 지지대 미설치, 철근 전도방지 미조치, 터널 지보공 미흡
	시공불량	**시공품질 미확보** - 가물막이 단부 붕괴, 볼트 결함, 붐 연결핀 파단, 실린더힌지 고정판 파단, 와이어로프 파단, 유압잭 결함, 이동식작업차 각 부재의 변형, 지지대 연결부 파손, 지지부재 파단, 파손, 폼타이 볼트 용접부위 파단, 지지부대 이탈, 콘크리트 유동화, 크리프 및 건조 수축에 의한 영향, 거푸집 수직도 미확보, 거푸집 하단 미고정, 거푸집의 수직도 및 레벨, 과다한 굴착, 과도한 변형, 과도한 토압, 침하, 근입심도 부족, 목표 용접강도 미확보, 용접부 탈락, 수직철근 분절시공 미실시, 수직철도 전도, 조립불량, 파손, 동결융해, 강도 발휘전 해체, 침하, 락볼트 설치간격, 발파에 의한 균열, 벽이음 일부해체, 부석 미제거, 부석제거 미흡, 부재의 체결강도 미흡, 부적절한 흙막이 설치, 부적정한 이음방법, 부착토 미제거, 용접부 탈락, 수직철근 분절시공 미실시, 수평보강 및 지지 미흡, 거푸집 조기 해체, 앵커/버팀보 등 파괴, 앵커강도 미흡, 앵커볼트 파손, 연약지반위 아웃트리커 설치, 수직도 미확보, 외력, 외부/재진동 및 높은 슬럼프 콘크리트 타설, 용접불량, 응력집중, 균열, 재가공 불량핀 및 철선 사용 재사용, 절단방향 판단 오류, 지반붕괴, 지보조치 미흡, 지장물조치 미흡, 지지구조물 설치 미흡, 지지부재 이탈, 지지용 앵커 탈락, 집중하중, 철골보 접합부 불량, 철골빔 앵커 이탈, 철근결속 미흡, 철근배근 미흡, 콘크리트 유동화, 취약부위 지반굴착, 토사반출 방법 불량, 포스트텐셔닝 및 크리프, 설비

표 5.2 사고원인 분류체계 : (대분류) 설계오류/시공오류 세부 분류(계속)

대분류	중분류	소분류
시 공 오 류	현장계측 미흡	**품질관리 미흡** - 콘크리트 유동화, 자재불량에 의한 파손, 기초앵커 너트풀림, 긴결 미흡, 포스트텐셔닝 및 크리프, 폼타이 볼트 용접부위 파, 로프 강도 불충분, 세그먼트 처짐, 연결볼트 해체, 작업자 하중, 함수 등 변화 점검 미흡, 충격하중, 철거 잔재물 적치, 철골빔 앵커볼트 빠짐, 크리프 및 건조 수축에 의한 영향, 폼타이 볼트 용접부위 파단, 동결융해
		시공관리 미흡 - 외력, 자중에 의한 처짐, 줄파기공 미실시, 중량물 설치방법 미흡, 중량물 취급 미흡, 지지용 로프 풀림, 지지용 앵커 탈락, 토사유실, 창호 위치 조정 미숙, 철거 잔재물 적치, 철골보 접합부 불량, 철골빔 앵커 이탈, 철골빔 앵커볼트 빠짐, 철근 과적재, 철근 전도방지 미조치, 철근결속 미흡, 철근배근 미흡, 단차발생, 취약부위 지반굴착, 터널 지보공 미흡, 주조조립상태 불량, 굴착공법 및 순서불량, 락볼트 설치 미실시, 락볼트 설치간격, 락볼트 정착방법, 로프 강도 불충분, 발파에 의한 균열, 복공판 미설치, 부석 미제거, 부석제거 미흡, 부재의 체결강도 미흡, 부적정한 이음방법, 부착토 미제거, 집중타설, 분할 시공, 중량물 운반, 로프 매듭풀림, 배관 탈락, 집중타설, 부주의, 와이어로프 이탈, 와이어로프 파단, 용접부위 파단, 적재방법 불량, 전석제거 미흡, 지지용 로프 풀림, 철근 과적재, 타설 미흡(하중 속도 순서 등), 탈락, 하중의 지지상태 미흡, 적재하중
		작업자 자격관리 미흡 - 가설공사 전담기술자 미배치
		계측데이터 관리 미흡 - 추진방향 판단 미흡, 소음진동
		작업관리자 미입회 - 가설공사 전담기술자 미배치
	기계장비 관리미흡	**기계장비 정기점검 미흡**
		작업전 점검 미흡 - 턴테이블 파단, 기계적 결함, 브레이크 파열, 유압잭 강성 미확보, 유압잭 결함, 이동식작업차 각 부재의 변형, 턴테이블 파단
		설치·해체과정 관리 미흡 - 갑작스런 붐 강하, 조작 미숙, 중량물 설치방법 미흡, 중량물 취급 미흡, 해체방법 부적정
		운전자 자격관리 미흡 - 주용도외 사용, 과속주행, 과적운행, 기계등의 부적절한 사용 관리, 인양장비 무단변경 시공, 작업중 충돌, 장비운용 미흡, 기계등의 부적절한 사용 관리,
		부적정 기계장비 사용 통제 미흡
	행정조치 미흡	**안전관리계획 관리 미흡** - 방호시설 미설치
		설계변경 조치 미흡 - 임의 설계변경
		관계자 배치 미흡(인원수, 자격 등)
		관계자 관리 미흡

표 5.2 사고원인 분류체계 : (대분류) 설계오류/시공오류 세부 분류(계속)

대분류	중분류	소분류
시 공 오 류	기계장비 관리미흡	기계장비 정기점검 미흡
		작업전 점검 미흡(2)
		- 턴테이블 파단, 기계적 결함, 브레이크 파열, 유압잭 강성 미확보, 유압잭 결함, 이동식작업차 각 부재의 변형, 턴테이블 파단
		설치·해체과정 관리 미흡
		- 갑작스런 붐 강하, 조작 미숙, 중량물 설치방법 미흡, 중량물 취급 미흡, 해체방법 부적정
		운전자 자격관리 미흡
		- 주용도외 사용, 과속주행, 과적운행, 기계등의 부적절한 사용 관리, 인양장비 무단변경 시공, 작업중 충돌, 장비운용 미흡, 기계등의 부적절한 사용 관리,
		부적정 기계장비 사용 통제 미흡
	행정조치 미흡	안전관리계획 관리 미흡
		- 방호시설 미설치
		설계변경 조치 미흡
		- 임의 설계변경
		관계자 배치 미흡(인원수, 자격 등)
		관계자 관리 미흡
	안전환경 미제공	위험정보 미제공
		- 낙뢰, 돌풍, 집중호우, 설비, 구조물등 그밖의 위험방치 및 미확인, 궤도차량 충돌
		통제구역 표식 미설치
		안전난간 설치 미흡
		안전발판 설치 미흡
		- 작업발판 고정 철선 절단
		안전대 부착설비 미설치
		추락방지망 설치 미흡
		개인 안전보호구 미제공
		안전교육 미실시
		- 작업원 교육 미실시
		휴게환경 미제공
		밀폐공간 유해가스 관리 미흡
		신호수 미배치
		불량자재 관리 미흡
		- 재가공 불량핀 및 철선 사용, 재사용, 턴테이블축 고장력 볼트 결함, 크레인와이어, 크레인줄걸이, 설계도서와 불일치한 자재 사용
		화재대응 대책 미흡

표 5.2 사고원인 분류체계 : (대분류) 설계오류/시공오류 세부 분류(계속)

대분류	중분류	소분류
시공오류	안전수칙 미준수	통제구역 출입
		개인 안전보호구 미착용
		- 복장, 개인보호구의 부적절한 사용
		개인 안전보호구 착용 불량
		기계장비 안전장치 미작동
		작업순서 미준수
		- 결속벤딩 해체, 이동식 비계 조정, 인양방법 불량
		화기취급 미흡
		작업자 부주의
		- 작업자의 단순과실, 인양로프 해체방법 미흡, 임시 받침목 제거, 장애물 충돌, 창호 위치 조정 미숙
		작업자의 불안전한 행동
		- 빔위에서 인력으로 인양, 불안전한 작업자세, 무모한 또는 불필요한 행위 및 동작
		낙하위험물 방치
		단독작업
		사다리 사용수칙 미준수
		작업자 통제 미흡
		- 작업 중 이동
		신호수 통제 미이행
		- 궤도차량 충돌, 유도자 미배치, 작업신호 불량
		유해가스 측정 미흡
		기계장비 불안전한 거치
		- 고소작업대 설치 미흡, 아웃트리거 설치 미흡, 전도 예방조치 미흡
		작업자 건강상태 확인 미흡

5.1.2 (대분류), (중분류) 및 (소분류) 일부 보완

추가적으로 기존 건설사고 원인분류체계를 대분류를 설계오류, 시공오류, 불안전행동으로 구분하고 중분류와 소분류에 대해 일부 보완하는 것이다. 우선 인적사고 관련한 대분류 추가는 국토교통부, 국토안전관리원 등 기관의 특성을 반영하여 설계와 시공은 유지하며, 「산업안전보건법」에 따라 통계·관리하는 인적사고에 대한 내용을 부가적인 분류 형태인 '불안전행동'으로 대분류를 추가하는 것이다. 불안전행동에는 대분류를 설계오류, 시공오류로 분류한 방안의 시공오류 중분류인 안전수칙 미준수에 해당하는 소분류 중 인적사고와 밀접한 관련이 있는 8개 항목을 안전장치 불이행 2개, 잘못된 동작 6개로 구분하여 제시하였다.

중분류와 소분류 일부 보완사항은 명칭 명확화이다. 설계오류 대분류의 상세작성 미흡은 조립도 미작성, 철든 전도방지 미조치 등 상세 미작성과 인양방법 불량, 인양로프 해체방법 미흡 등 상세작성 부실의 소분류로 구분된다. 소분류의 특성을 고려하여 소분류 명칭을 상세 미작성은 세부내용 미수립으로 상세작성 부식은 세부내용 부실로 변경하였다. 또한, 변경한 소분류 명칭을 고려하여 중분류 명칭도 상세작성 미흡에서 세부내용 미흡으로 변경하였다.

시공오류의 시공계획 미준수는 가새 미설치, 경사각 미준수 등 시공기준 미준수와 굴착시기 불량, 작업순서 미흡 등 시공순서 미준수의 소분류로 구분된다. 소분류의 특성을 고려하여 시공기준 미준수를 시공계획 미이행으로 변경 제시하였다. 다음 <표 5.3>은 사고원인 분류체계를 설계오류, 시공오류, 불안전행동의 대분류로 구분하고 중분류와 소분류에 대해 일부 보안한 방안이다.

표 5.3 사고원인 분류체계 : (대분류), (중분류) 및 (소분류) 일부 보완

대분류	중분류	소분류
설계 오류	사전조사 미흡	- 지반조사 미흡, 지하매설물 조사 미흡
	기준적용 오류	- 설계기준 미준수
	구조검토 미흡	- 구조검토 미실시, 구조계산 오류
	세부내용 미흡	**- 세부내용 미수립, 세부내용 부실**
	공법선정 미흡	- 적정 공법검토 미흡
	행정조치 미흡	- 설계안전성 평가 관리 미흡, 가설구조물 구조검토 관리 미흡 - 지하안전영향평가 관리 미흡
시공 오류	임의시공	- 시공 계획 미수립, 구조검토 없이 시공
	사전검토 미흡	- 사전 설계도서검토 미흡, 안전관리계획 수립 미흡
	시공계획 미준수	**- 시공기준 미이행**, 시공순서 미준수
	시공불량	- 구조안전 미확보, 시공품질 미확보
	현장계측 미흡	- 품질관리 미흡, 시공관리 미흡, 작업자 자격관리 미흡 - 계측데이터 관리 미흡, 작업관리자 미입회
	기계장비 관리미흡	- 기계장비 정기점검 미흡, 작업전 점검 미흡 - 설치·해체과정 관리 미흡, 운전자 자격관리 미흡 - 부적정 기계장비 사용 통제 미흡
	행정조치 미흡	- 안전관리계획 관리 미흡, 설계변경 조치 미흡 - 관계자 배치 미흡(인원수, 자격 등), 관계자 관리 미흡
	안전환경 미제공	- 위험정보 미제공, 통제구역 표식 미설치, 안전난간 설치 미흡 안전발판 설치 미흡, 안전대 부착설비 미설치 - 추락방지망 설치 미흡, 개인 안전보호구 미제공 - 안전교육 미실시, 휴게환경 미제공 - 밀폐공간 유해가스 관리 미흡, 신호수 미배치 - 불량자재 관리 미흡, 화재대응 대책 미흡
	안전수칙 미준수	- 기계장비 안전장치 미작동, 낙하위험물 방치 - 사다리 사용 수칙 미준수, 작업자 통제 미흡 - 신호수 통제 미이행, 유해가스 측정 미흡 - 기계장비 불안전한 거치, 작업자 건강상태 확인 미흡
불안전 행동	안전장치 불이행	- 개인 안전보호구 미착용, 개인 안전보호구 착용 불량
	잘못된 동작	- 통제구역 출입, 작업순서 미준수, 화기취급 미흡 - 작업자 부주의, 작업자의 불안전한 행동, 단독작업

5.2 건설사고 정보수집 및 절차 개선방안

5.2.1 건설사고 정보수집 개선(안)

건설공사 안전관리 종합정보망(CSI)을 통해 건설사고 정보를 축적하고 있으며, 수집되는 정보에 대해 국토안전관리원 국정감사 중 사고신고 누락, 수집정보의 기타 또는 미입력이 많다는 지적 등으로 신뢰성 제고를 위한 외부 요구가 증대하고 있다. 신고 누락은 신고자의 제도 미인지로 인해 발생하고 있어 고용노동부 산재처리 자료를 활용하여 누락 건을 파악하고 신고를 유도하는 조치를 시행 중이다.

다만, 사고정보 입력은 전문기술이 필요하나 발주처 또는 인·허가기관 등의 담당자의 기술력 부족으로 '기타' 또는 미입력하는 경우가 발생하고 있다. 따라서 사고원인 등의 정보를 담당자가 적절하게 입력하도록 정보체계를 개선하여 수집정보에 대한 신뢰성 제고가 필요한 실정이다.

본 장에서는 건설사고 접수 정보항목 개선을 위해 발주처 또는 인·허가기관의 담당자가 필수정보만 입력하고 전문정보는 국토안전관리원이 직접 입력하고 관리하는 방안과 발주처 또는 인·허가기관의 담당자가 입력하는 필수정보를 축약하여 정보입력을 최소화하는 방안을 제시하였다. 다음 <그림 5.3>은 건설사고 정보수집 개선방안 모식도이다.

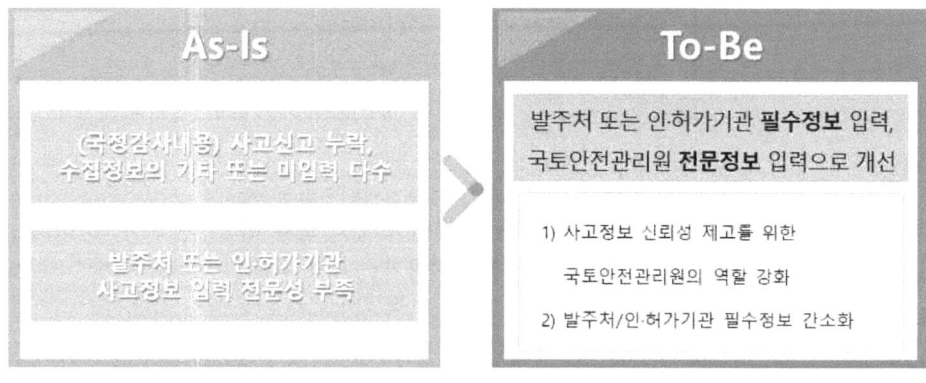

그림 5.3 건설사고 정보수집 개선방안 모식도

가. 사고정보 신뢰성 제고를 위한 국토안전관리원의 역할 강화

건설사고 접수 정보항목 개선 1안은 기존 건설사고 정보체계 중 공사개요 등 필수항목은 발주처 또는 인·허가기관 등에서 최소화하여 입력하도록 하고, 추가 세부정보는 관리원의 전담인력으로 하여금 유선 등 현장확인을 통해 확보하여 별도 관리하는 방안이다.

사고에 대한 최초 수집되는 정보는 사고신고, 사고경위, 공사개요, 기타정보로 구분된다. 사고신고는 총 10개로 사고명, 공사명, 사고일시, 신고일시, 자체사고 통보일시, 자체사고 통보 소요시간, 사고발생시점, 날씨, 온도, 습도 등이며, 사고경위는 총 18개로 피해내용, 피해금액, 사고위치 장소, 사고위치 부위, 인적사고 종류, 피해규모, 안전방호조치 여부 등이다. 또한, 공사개요는 21개로 공공/민간, 수신자 유형, 시공자/발주청/감리자(기관명, 담당자, 법인등록번호, 사업자번호), 시설물 대분류/중분류/소분류, 공사종류 등이며, 기타정보는 11개로 작업자 형태(목수 등), 근속기간, 고용형태, 중처법 대상여부, 외부 안전점검 실적, 안전모 및 안전대지급·착용 등이다. 여기서, 기타정보에 대해서는 관리원의 전담인력이 현장확인을 통해 확보하고 관리하도록 제시하였다. 다음 <표 5.4>는 건설사고 접수 정보항목 개선 1안이다.

표 5.4 건설사고 접수 정보항목 개선 1안

구 분	수집정부	입력주체
사고신고	- 사고명, 공사명, 사고일시, 신고일시, 자체사고 통보일시, 자체사고 통보 소요시간, 사고발생시점, 날씨, 온도, 습도	발주청 또는 인·허가기관
사고경위	- 피해내용, 피해금액, 사고위치 장소, 사고위치 부위, 인적사고 종류, 피해 규모(사망, 부상 등), 안전방호조치 여부, 개인보호조치 여부, 물적사고 종류, 공종(대, 중, 소분류), 작업프로세스, 사고객체, 사고원인, 사고유발주체(발주자, 설계자, 시공자, 감리자, 작업자), 재해자 정보(내국인, 외국인, 남성, 여성, 연령대), 사고신고사유(사망, 3일이상 휴업부상, 1000만원 이상 재산피해), 사고발생후 조치사항, 재발방지대책	
공사개요	- 공공/민간, 수신자 유형, 시공자/발주청/감리자(기관명, 담당자, 법인등록번호, 사업자번호), 시설물 대분류/중분류/소분류, 공사종류, 연면적, 지상층수, 지하층수, 공사비, 해당공종 공사비, 낙찰율, 공정율, 공사시작일, 종료일, 해당공종 공사시작일, 공사종료일, 주소, 시도구분, 작업자수, 안전관리계획 대상, 설계안전성검토 대상	
기타정보	- 작업자 형태(목수 등), 근속기간, 고용형태, 중처법 대상여부, 외부 안전점검 실적	국토안전관리원

나. 발주처/인·허가기관 필수정보 간소화

1안을 통해 수집되는 사고정보는 총 60개이며, 발주청 또는 인·허가기관이 입력하는 사고신고, 사고경위, 공사개요 정보의 수는 49개이다. 발주청 또는 인·허가기관이 입력해야 하는 정보의 수준이 비전문적이고 기본적이지만 해당 정보의 수는 입력하는 담당자에게는 부담이며, '기타' 또는 정보입력 누락 등을 야기할 수도 있고, 지사의 초기현장조사에서 수집이 가능한 정보는 삭제가 필요하다.

다음 절의 건설사고 수준별 조사 개선(안) 및 인력, 조직 등 운영체계(안)을 고려하여 발주청 또는 인·허가기관이 입력하는 정보의 항목 수를 최소화하고 현장조사를 통해 나머지 정보는 국토안전관리원에서 획득하여 입력하는 방안이 바람직하다고 판단된다.

따라서 건설사고 접수 정보항목 개선 2안은 1안의 수집정보 중 상대적으로 덜 중요한 정보는 삭제하고 지사의 초기현장조사에서 수집이 가능한 정보 중 발주청 또는 인·허가기관의 입력이 어려운 항목에 대해서는 추후 국토안전관리원에서 작성하도록 하여 삭제하였다. 다음 <표 5.5>는 건설사고 접수 정보항목 개선 2안이다.

표 5.5 건설사고 접수 정보항목 개선 2안

구 분	수집정보	입력주체
사고신고	- 사고명, 공사명, 사고일시, 신고일시, 자체사고 통보일시, 자체사고 통보 소요시간, 사고발생시점	발주청 또는 인·허가기관
사고경위	- 피해금액, 사고위치 부위, 피해 규모(사망, 부상 등), 안전방호조치 여부, 개인보호조치 여부, 공종(대, 중, 소분류), 작업프로세스, 사고객체, 사고유발주체(발주자, 설계자, 시공자, 감리자, 작업자), 사고발생후 조치사항, 재발방지대책	발주청 또는 인·허가기관
공사개요	- 공공/민간, 수신자 유형, 시공자/발주청/감리자(기관명, 담당자, 법인등록번호, 사업자번호), 시설물 대분류/중분류/소분류, 공사종류, 연면적, 지상층수, 지하층수, 공사비, 해당공종 공사비, 낙찰율, 공정율, 공사시작일, 종료일, 해당공종 공사시작일, 공사종료일, 주소, 시도구분, 작업자수, 안전관리계획 대상, 설계안전성검토 대상	발주청 또는 인·허가기관
기타정보	- 작업자 형태(목수 등), 근속기간, 고용형태, 중처법 대상여부, 외부 안전점검 실적	국토 안전관리원

5.2.2 초기현장조사 정보수집 개선(안)

가. 초기현장조사 체크리스트

건설사고 발생 시 현재 지사에서는 초기현장조사 체크리스트를 가지고 초기현장조사를 진행한다. 현 초기현장조사 체크리스트는 '21년 2월 「건설·지하·시설물 사고대응 업무수행 지침」 제7조(초기현장조사)와 관련하여 건설사고 초기현장 조사 시 원활한 사고조사를 위해 각 지사에 배포한 자료이다. 체크리스트는 건축분야, 토목분야, 사고 유형별(공통)로 구분하여 3개의 체크리스트를 제공하였으며, 각 분야별 점검사항과 보유여부, 내용 등 점검결과를 작성하도록 하고 있다.

현재 사용중인 초기현장조사 체크리스트의 문제점은 사고구분과 사고별 점검 체크리스트의 내용이 제한적이고, 사고원인이 구체적이지 못하며 지사의 사고 경위 확인, 초기현장조사 결과보고서, 본사의 건설사고 초기현장조사 보고서와의 연계성이 부족하다. 또한, 건축, 토목 현장 등 현장특성을 고려한 사고원인 체크리스트가 미흡하며, 건설현장의 공종과 연계한 사고원인 및 인적사고 체크리스트가 미흡하고 안전관리계획, 설계안전성 검토 등 법적 의무사항 확인 및 적정성 여부가 미흡하다.

따라서, 초기현장조사 체크리스트 개선(안)으로 건축 현장, 토목 현장, 산업환경설비, 조경 현장 등 건설현장 특성을 고려한 체크리스트 1안과 모든 사고현장에 적용이 가능한 체크리스트 표준안인 2안을 제시하였다. 다음 <그림 5.4>는 초기현장조사 체크리스트 개선 방안 모식도이다. 체크리스트 개선안은 구체적인 정보 제공을 통해 향후 조사 앱(App) 개발에 활용이 가능할 것이며, 내실 있는 초기현장조사 가이드 역할을 수행할 것이다.

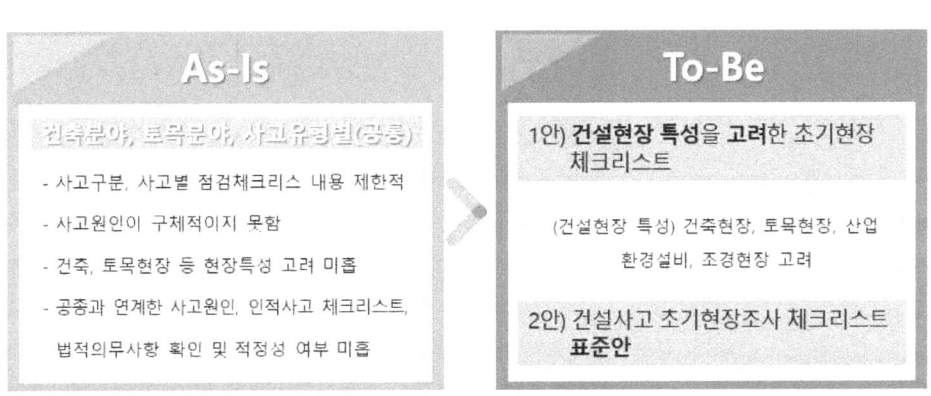

그림 5.4 초기현장조사 체크리스트 개선방안 모식도

1) 1안 : 건설현장 특성을 고려한 초기현장조사 체크리스트

초기현장조사 체크리스트 1안은 건축 현장, 토목 현장, 산업환경설비, 조경 현장을 고려하였으며, 기본현황, 사고정보, 공사정보로 세부 구분하였다. 기본현황은 작성일시, 작성자, 사고명 등의 정보를 작성하도록 하였고, 사고정보는 사고원인, 물적피해 등에 대해서는 주요내용을 서술하도록 하고 그 밖의 사항에 대해서는 직관적으로 선택할 수 있는 항목을 제시하였다. 공사정보는 해당 공사의 기본적인 정보를 작성하도록 하였으며, 각 현장의 체크리스트마다 붙임자료로 사고원인(주원인)을 제시하여 작성 시 참고하도록 하였다. 초기현장조사 체크리스트 1안은 아래 <그림 5.5> ~ <그림 5.11>과 같이 제시하였다.

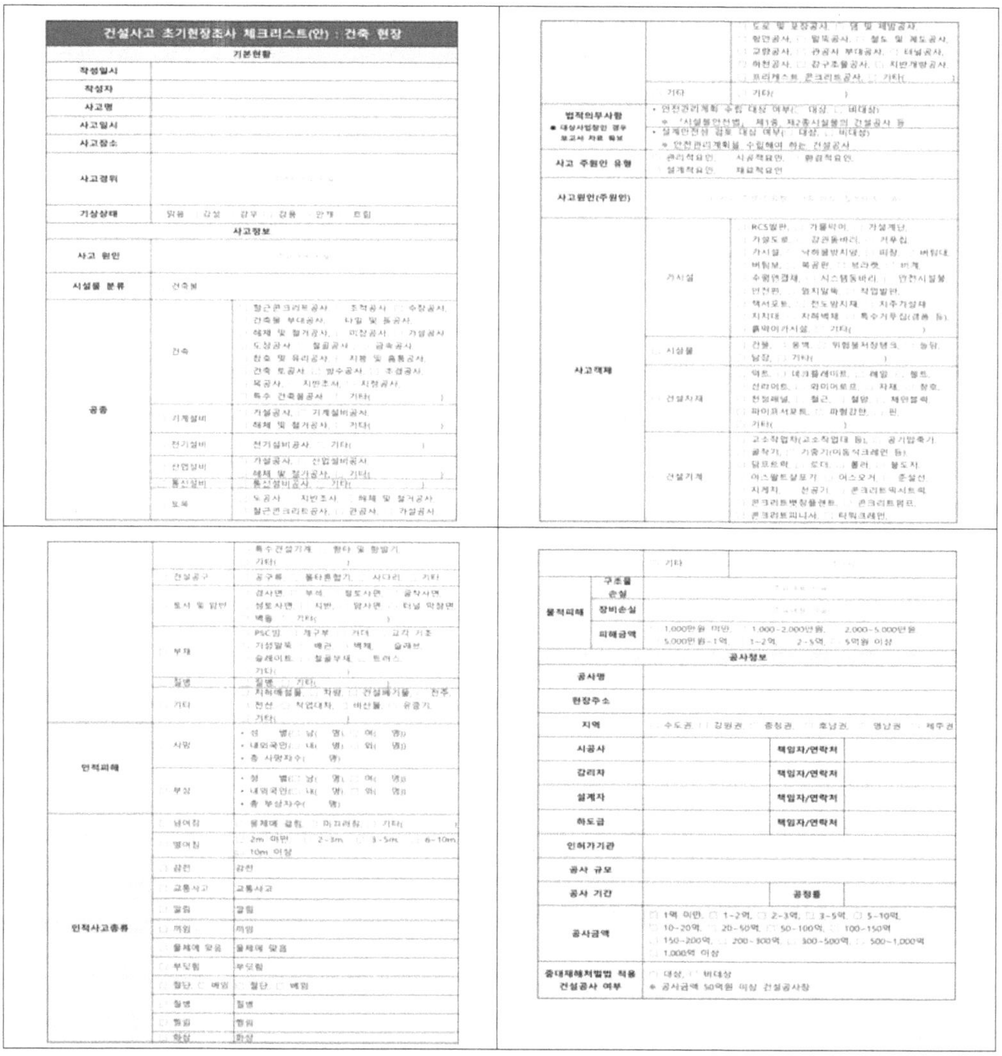
건설사고 초기현장조사 체크리스트(안) : 건축 현장

기본현황		
작성일시		
작성자		
사고명		
사고일시		
사고장소		
사고경위		
기상상태	맑음 □ 강설 □ 강우 □ 강풍 □ 안개 □ 흐림	
사고정보		
사고 원인		
시설물 분류	건축물	
공종	건축	□ 철근콘크리트공사 □ 조적공사 □ 수장공사, □ 건축물 부대공사, □ 나일 및 통공사, □ 해체 및 철거공사, □ 미장공사 □ 가설공사 □ 도장공사 □ 철골공사 □ 금속공사 □ 창호 및 유리공사 □ 지붕 및 홈통공사 □ 건축 토공사 □ 방수공사 □ 조경공사 □ 목공사 □ 지반조사 □ 지정공사 □ 특수 건축물공사 □ 기타( )
	기계설비	□ 가설공사, □ 기계설비공사 □ 해체 및 철거공사, □ 기타( )
	전기설비	□ 전기설비공사 □ 기타( )
	산업설비	□ 가설공사, □ 산업설비공사 □ 해체 및 철거공사, □ 기타( )
	통신설비	□ 통신설비공사 □ 기타( )
	토목	□ 도공사 □ 지반조사 □ 해체 및 철거공사 □ 철근콘크리트공사, □ 관공사 □ 가설공사
		□ 도로 및 포장공사 □ 댐 및 제방공사 □ 항만공사, □ 말뚝공사, □ 철도 및 궤도공사, □ 교량공사, □ 관공사 부대공사, □ 터널공사, □ 하천공사, □ 강구조물공사, □ 지반개량공사, □ 프리캐스트 콘크리트공사, □ 기타( )
	기타	□ 기타( )
법적의무사항 ※ 대상사업장인 경우 보고서 자료 확보	• 안전관리계획 수립 대상 여부(□ 대상, □ 비대상) ※ 「시설물안전법」 제1종, 제2종시설물의 건설공사 등 • 설계안전성 검토 대상 여부(□ 대상, □ 비대상) ※ 안전관리계획을 수립해야 하는 건설공사	
사고 주원인 유형	□ 관리적요인, □ 시공적요인, □ 환경적요인 □ 설계적요인 □ 재료적요인	
사고원인(주원인)		
사고객체	가시설	□ RCS발판, □ 거푸집, □ 가설계단, □ 가설도로, □ 강관동바리, □ 거푸집, □ 가시설, □ 낙하물방지망, □ 비계, □ 버팀대 □ 버팀보, □ 복공판, □ 브라켓, □ 비계 □ 수평연결재, □ 시스템동바리, □ 안전시설물 □ 안전펜, □ 엄지말뚝, □ 작업발판, □ 잭서포트, □ 전도방지재, □ 지주가설재 □ 지지대 □ 차폐벽체 □ 특수거푸집(갱폼 등), □ 흙막이가시설, □ 기타( )
	시설물	□ 건물, □ 옹벽, □ 위험물저장탱크, □ 농업 □ 남장, □ 기타( )
	건설자재	□ 덕트, □ 데크플레이트, □ 레일, □ 볼트, □ 샌드위치, □ 와이어로프, □ 자재, □ 창호, □ 천정패널, □ 철근, □ 철망, □ 체인블럭 □ 파이프서포트, □ 파형강판, □ 핀, □ 기타( )
	건설기계	□ 고소작업차(고소작업대 등), □ 공기압축기, □ 굴착기, □ 기중기(이동식크레인 등), □ 덤프트럭, □ 로더, □ 롤러, □ 불도저, □ 아스팔트살포기, □ 어스오거, □ 준설선 □ 지게차, □ 천공기, □ 콘크리트믹서트럭, □ 콘크리트뱃칭플랜트, □ 콘크리트펌프, □ 콘크리트피니셔, □ 타워크레인, □ 특수건설기계, □ 항타 및 항발기, □ 기타( )
	건설공구	□ 공구류, □ 용타용접기, □ 사다리, □ 기타
	토사 및 암반	□ 경사면, □ 부석, □ 절토사면, □ 굴착사면, □ 성토사면, □ 지반, □ 암사면, □ 터널 막장면 □ 백홀, □ 기타( )
	부재	□ PSC빔, □ 계구부, □ 거더, □ 교각 기초 □ 가설말뚝, □ 배관, □ 벽체, □ 슬래브, □ 슬래이트, □ 철골부재, □ 트러스, □ 기타( )
	질병	□ 질병, □ 기타( )
	기타	□ 지하매설물, □ 차량, □ 건설폐기물, □ 전주, □ 전선, □ 작업대차, □ 비산물, □ 유증기, □ 기타( )
인적피해	사망	• 성 별(□ 남(명), □ 여(명)) • 내외국인(□ 내(명), □ 외(명)) • 총 사망자수(명)
	부상	• 성 별(□ 남(명), □ 여(명)) • 내외국인(□ 내(명), □ 외(명)) • 총 부상자수(명)
인적사고종류	□ 넘어짐	□ 물체에 걸림, □ 미끄러짐, □ 기타( )
	□ 떨어짐	□ 2m 미만, □ 2~3m, □ 3~5m, □ 6~10m, □ 10m 이상
	□ 감전	감전
	□ 교통사고	교통사고
	□ 깔림	깔림
	□ 끼임	끼임
	□ 물체에 맞음	물체에 맞음
	□ 부딪힘	부딪힘
	□ 절단, □ 베임	□ 절단, □ 베임
	□ 질병	질병
	□ 찔림	찔림
	□ 화상	화상
	□ 기타	
물적피해	구조물 손실	
	장비손실	
	피해금액	□ 1,000만원 미만, □ 1,000~2,000만원, □ 2,000~5,000만원 □ 5,000만원~1억, □ 1~2억, □ 2~5억, □ 5억원 이상

공사정보			
공사명			
현장주소			
지역	□ 수도권, □ 강원권, □ 충청권, □ 호남권, □ 영남권, □ 제주권		
시공사		책임자/연락처	
감리자		책임자/연락처	
설계자		책임자/연락처	
하도급		책임자/연락처	
인허가기관			
공사 규모			
공사 기간		공정률	
공사금액	□ 1억 미만, □ 1~2억, □ 2~3억, □ 3~5억, □ 5~10억, □ 10~20억, □ 20~50억, □ 50~100억, □ 100~150억 □ 150~200억, □ 200~300억, □ 300~500억, □ 500~1,000억 □ 1,000억 이상		
중대재해처벌법 적용 건설공사 여부	□ 대상, □ 비대상 ※ 공사금액 50억원 이상 건설공사장		

그림 5.5 1안 : 건설현장 특성을 고려한 초기현장조사 체크리스트-건축현장

그림 5.6 1안 : 건설현장 특성을 고려한 초기현장조사 체크리스트-건축현장(붙임)

그림 5.7 1안 : 건설현장 특성을 고려한 초기현장조사 체크리스트-토목 현장

건설사고 초기현장조사 체크리스트(안) : 산업환경설비 현장		
기본현황		
작성일시		
작성자		
사고명		
사고일시		
사고장소		
사고경위		
기상상태	맑음 강설 강우 강풍 안개 흐림	
사고정보		
사고 원인		
시설물 분류	환경시설, 산업생산시설, 발전시설	
공종	건축	철근콘크리트공사, 조적공사, 수장공사, 건축물 부대공사, 타일 및 돌공사, 해체 및 철거공사, 미장공사, 가설공사, 도장공사, 철골공사, 금속공사, 창호 및 유리공사, 지붕 및 홈통공사, 건축 토공사, 방수공사, 조경공사, 목공사, 지반조사, 지정공사, 특수 건축물공사, 기타( )
	기계설비	가설공사, 기계설비공사, 해체 및 철거공사, 기타( )
	전기설비	전기설비공사, 기타( )
	산업설비	가설공사, 산업설비공사, 해체 및 철거공사, 기타( )
	통신설비	통신설비공사, 기타( )
	토목	토공사, 지반조사, 해체 및 철거공사, 철근콘크리트공사, 관공사, 가설공사, 도로 및 포장공사, 댐 및 제방공사, 항만공사, 말뚝공사, 철도 및 궤도공사, 교량공사, 관공사 부대공사, 터널공사, 하천공사, 강구조물공사, 지반개량공사, 프리캐스트 콘크리트공사, 기타( )
	기타	기타( )
법적의무사항 ■ 대상사업장인 경우 보고서 자료 확보	• 안전관리계획 수립 대상 여부(대상, 비대상) ※ 「시설물안전법」 제1종, 제2종시설물의 건설공사 등	
	• 설계안전성 검토 대상 여부(대상, 비대상) ※ 안전관리계획을 수립해야 하는 건설공사	
사고 주원인 유형	관리적요인, 시공적요인, 환경적요인, 설계적요인, 재료적요인	
사고원인(주원인)		
사고객체	가시설	RCS발판, 가설막이, 가설계단, 가설도로, 강관동바리, 거푸집, 가시설, 낙하물방지망, 띠장, 버팀대, 버팀보, 복공판, 브라켓, 비계, 수평연결재, 시스템동바리, 안전시설물, 안전펜, 엄지말뚝, 작업발판, 잭서포트, 전도방지재, 지주가설재, 지지대, 지하벽체, 특수거푸집(갱폼 등), 흙막이가시설, 기타( )
	시설물	건물, 옹벽, 위험물저장탱크, 돌담, 담장, 기타( )
	건설자재	덕트, 데크플레이트, 레일, 볼트, 선라이트, 와이어로프, 자재, 창호, 천정패널, 철근, 철망, 체인블럭, 파이프서포트, 파형강판, 핀, 기타( )
	건설기계	고소작업차(고소작업대 등), 공기압축기, 굴착기, 기중기(이동식크레인 등), 덤프트럭, 로더, 롤러, 불도저, 아스팔트살포기, 어스오거, 준설선, 지게차, 천공기, 콘크리트믹서트럭, 콘크리트뱃칭플랜트, 콘크리트펌프, 콘크리트피니셔, 타워크레인, 특수건설기계, 항타 및 항발기, 기타( )
	건설공구	공구류, 몰타혼합기, 사다리, 기타
	토사 및 암반	경사면, 부석, 절토사면, 굴착사면, 성토사면, 지반, 암사면, 터널 막장면, 벽돌, 기타( )
	부재	PSC빔, 개구부, 거더, 교각 기초, 기성말뚝, 배관, 벽체, 슬래브, 슬레이트, 철골부재, 트러스, 기타( )
	질병	질병, 기타( )
	기타	지하매설물, 차량, 건설폐기물, 전주, 전선, 작업대차, 비산물, 유증기, 기타( )
인적피해	사망	• 성 별(남(명), 여(명)) • 내외국인(내(명), 외(명)) • 총 사망자수(명)
	부상	• 성 별(남(명), 여(명)) • 내외국인(내(명), 외(명)) • 총 부상자수(명)
인적사고종류	넘어짐	물체에 걸림, 미끄러짐, 기타( )
	떨어짐	2m 미만, 2~3m, 3~5m, 6~10m, 10m 이상
	감전	감전
	교통사고	교통사고
	깔림	깔림
	끼임	끼임
	물체에 맞음	물체에 맞음
	부딪힘	부딪힘
	절단, 베임	절단, 베임
	질병	질병
	찔림	찔림
	화상	화상
	기타	
물적피해	구조물 손실	
	장비손실	
	피해금액	1,000만원 미만, 1,000~2,000만원, 2,000~5,000만원, 5,000만원~1억, 1~2억, 2~5억, 5억원 이상
공사정보		
공사명		
현장주소		
지역	수도권, 강원권, 충청권, 호남권, 영남권, 제주권	
시공사		책임자/연락처
감리자		책임자/연락처
설계자		책임자/연락처
하도급		책임자/연락처
인허가기관		
공사 규모		
공사 기간		공정률
공사금액	1억 미만, 1~2억, 2~3억, 3~5억, 5~10억, 10~20억, 20~50억, 50~100억, 100~150억, 150~200억, 200~300억, 300~500억, 500~1,000억, 1,000억 이상	
중대재해처벌법 적용 건설공사 여부	대상, 비대상 ※ 공사금액 50억원 이상 건설공사장	

그림 5.8 1안 : 건설현장 특성을 고려한 초기현장조사 체크리스트-산업환경설비 현장

그림 5.9 1안 : 건설현장 특성을 고려한 초기현장조사 체크리스트-조경 현장

제 5장 건설사고 조사체계(안) 마련

그림 5.10 1안 : 건설현장 특성을 고려한 초기현장조사 체크리스트-토목 현장(붙임)

그림 5.11 1안 : 건설현장 특성을 고려한 초기현장조사 체크리스트-산업환경설비 현장, 조경 현장(붙임)

2) 2안 : 건설사고 초기현장조사 체크리스트 표준안

초기현장조사 체크리스트 2안은 앞에서 제시한 건설사고 원인분류체계 1안의 내용을 활용하여 모든 사고현장에서 표준적으로 사용가능한 체크리스트를 마련하였다. 2안도 1안과 동일하게 기본현황, 사고정보, 공사정보로 구분하여 제시하였다. 1안은 직관적으로 선택할 수 있는 체크박스를 제시하였지만, 2안은 인적사고 피해, 물적사고 피해금액, 법적 의무사항, 중대재해처벌법 적용 건설공사 여부에 대해서만 체크박스로 제시하였다.

기본현황은 기상상태를 삭제하고 사고명, 사고일시, 사고장소, 작성일시, 작성자, 사고경위에 대해 담당자가 직접 작성하도록 하였고, 사고정보는 사고원인에 대해 서술하고 시설물 분류, 공종, 사고객체, 인적사고와 물적사고 종류에 대해 [붙임 1. 사고정보 작성 가이드]를 참고하여 작성하도록 했다. 공사정보는 1안에서 지역과 공사금액의 체크박스를 서술하도록 변경하였으며, 나머지 항목에 대해서는 동일하게 서술하여 작성하도록 제시하였다. 다음 <표 5.6>은 건설사고 초기현장조사 체크리스트 2안이며, <표 5.7>은 건설사고 초기현장조사 체크리스트 2안의 붙임자료이다.

제 5장 건설사고 조사체계(안) 마련

표 5.6 2안 : 건설사고 초기현장조사 체크리스트 표준안

건설사고 초기현장조사 체크리스트 표준안					
기본현황					
사고명			사고일시		
사고장소			작성일시		
			작성자		
사고경위					
사고정보					
사고 원인					
시설물 분류			공종		
사고객체					
인적사고	피해	☐ 사망 :		☐ 부상 :	
	종류				
물적사고	피해				
	종류				
법적의무사항 ※ 대상사업장인 경우 보고서 자료 확보	• 안전관리계획 수립 대상 여부(☐ 대상, ☐ 비대상) 　※ 「시설물안전법」 제1종, 제2종시설물의 건설공사 등 • 설계안전성 검토 대상 여부(☐ 대상, ☐ 비대상) 　※ 안전관리계획을 수립해야 하는 건설공사				
공사정보					
공사명			현장	지역	
				주소	
공사 규모			공사 기간		
공사금액			공정률		
시공사			감리자		
설계자			하도급		
인허가기관					
중대재해처벌법 적용 건설공사 여부	☐ 대상, ☐ 비대상 ※ 공사금액 50억원 이상 건설공사장				

표 5.7 2안 : 건설사고 초기현장조사 체크리스트 표준안(붙임)

[붙임 1] 사고정보 작성 가이드

☐ 사고유형 분류

대분류	중분류
인적사고	- 떨어짐, 넘어짐, 물체에 맞음, 깔림, 끼임, 절단·베임, 감전, 교통사고, 질병, 찔림, 질식, 화상, 부딪힘, 익사, 온열질환
물적사고	- 붕괴, 전도, 낙하, 충돌, 화재, 폭발, 탈락, 파열·파단

☐ 시설물 분류

대분류	중분류	소분류
건 축	건축물	- 단독주택, 공동주택, 근린생활시설, 문화 및 집회시설, 종교시설, 판매시설, 운수시설, 의료시설, 교육연구시설, 노유자시설, 수련시설, 운동시설, 업무시설, 숙박시설, 위락시설, 공장, 창고시설, 위험물 저장 및 처리시설, 자동차 관련시설, 동물 및 식물 관련시설, 교정 및 군사시설, 방송통신시설, 묘지관련시설, 관광 휴게시설, 장례시설, 야영장시설, 지하도상가, 기타
토 목	도로	- 도로
	교량	- 도로교량, 철도교량, 복개구조물
	터널	- 도로터널, 철도터널, 지하차도
	항만	- 갑문, 방파제, 파제제, 호안, 계류시설
	댐	- 다목적댐, 발전용댐, 홍수전용댐, 용수전용댐,
	하천	- 하구둑, 방조제, 수문/통문, 제방(통관/호안), 보, 배수펌프장, 관개수로
	상하수도	- 상수도, 하수도
	옹벽 및 절토사면	- 옹벽, 절토사면
	공동구	- 공동구
	기타	- 부지조성, 간척매립
	철도	- 일반 및 고속철도, 지하철
산 업 환 경 설 비	산업생산 시설	- 제철공장, 석유화학공장
	환경시설	- 소각장, 수처리설비시설, 환경오염방지시설, 하수처리시설, 공공폐수처리시설, 중수도/하폐수처리수 재이용시설
	발전시설	- 발전시설
조 경	수목원	- 수목권
	공원	- 공원
	숲	- 숲
	생태공원	- 생태공원
	정원	- 정원

표 5.7 2안 : 건설사고 초기현장조사 체크리스트 표준안(붙임) (계속)

[붙임 1] 사고정보 작성 가이드

☐ 공종 분류

대분류	중분류
토 목	- 가설공사, 지반공사 해체 및 철거공사, 지방개량공사, 토공사, 말뚝공사, 철근콘크리트공사, 프리캐스트공사, 관공사, 관공사 부대공사, 강구조물공사, 교량공사, 도로 및 포장공사, 철골 및 궤도공사, 터널공사, 하천공사, 항만공사, 댐 및 제방공사
건 축	- 가설공사, 지반공사, 해체 및 철거공사, 건축 토공사, 지정공사, 철근콘크리트공사, 철골공사, 조적공사, 미장공사, 방수 공사, 목공사, 금속공사, 지붕 및 홈통공사, 창호 및 유리공사, 타일 및 돌공사, 도장공사, 수장공사, 특수건축물공사, 건축물 부대공사
기계설비	- 가설공사, 지반공사, 해체 및 철거공사, 기계설비공사
전기설비공사	- 가설공사, 지반공사, 해체 및 철거공사, 전기설비공사
통신설비공사	- 가설공사, 지반공사, 해체 및 철거공사, 통신설비공사
산업설비공사	- 가설공사, 지반공사, 해체 및 철거공사, 산업설비공사

☐ 사고객체 분류

대분류	중분류
가시설	- 거푸집, 흙막이가시설, 비계, 강관동바리, 작업발판, 시스템동바리, 낙하물 방지망, RCS발판, 가물막이, 가설도로, 띠장, 방호선반, 버팀대, 버팀보, 목공판, 엄지말뚝, 지주가설대, 지지대, 지하벽체, 게이슨, 안전시설물, 기철계단, 가시설, 특수거푸집(갱폼 등), 가새, 벽이음, 브라켓, 수평연결재, 안전핀, 잭서포트, 전도방지재, 클라이밍콘
건설기계	- 타워크레인, 덤프트럭, 지게차, 천공기, 어스오거, 불도저, 굴착기, 로더, 스크레이퍼, 모터 그레이더, 롤러, 노상안정기, 콘크리트 뱃칭플랜트, 콘크리트 피니셔, 콘크리트 살포기, 콘크리트 믹서트럭, 아스팔트 믹싱 플랜트, 아스팔트 피니셔, 아스팔트 살포기, 골재살포기, 쇄석기, 공기압축기, 자갈 채취기, 준설선, 기중기(이동식크레인 등), 콘크리트 펌프, 항타 및 항발기, 특수건설기계, 고소차(고소작업대 등)
건설자재	- 철근, 데크플레이트, 선라이트, 창호, 천정패널, 철망, 체인블럭, 파형강판, 자재, 덕트, 레인, 볼트, 와이어로프, 파이프서포트, 핀
건설공구	- 사다리, 몰탈혼합기, 공구류
부 재	- 슬래브, 철골부재, 거더, 조적벽체, PSC 빔, 교량바닥판, 기성말뚝, 강박스, 교각기초, 교대기초, 개구부, 슬레이트, 트러스, 벽체, 현장타설말뚝, 배관
토사 및 암반	- 터널천단부, 터널막장면, 경사면, 벽돌, 절토사면, 암사면, 성토사면, 굴착사면, 부석, 지반
시설물	- 옹벽, 건물, 석축, 담장, 보강토옹벽, 위험물 저장탱크, 터널 갱구부, 돌담, 방음벽, 주탑
질 병	- 질병
기 타	- 지하매설물, 차량, 전주/전선, 비산물, 유증기, 건설폐기물, 작업대차

나. 초기현장조사 보고서

건설사고 초기현장조사 체크리스트를 통해 조사된 정보를 종합하여 초기현장조사 보고서를 작성한다. 현재 초기현장조사 보고서의 문제점은 사고원인이 건축, 토목 현장 등 현장특성을 고려하지 못하고, 구체적이지 못한 실정이다. 또한, 안전관리계획, 설계안전성검토 등 법적 의무사항 확인 및 적정성 여부 검토가 부재하고 건설사고 원인 관련 통계 또는 정보제공이 미흡한 실정이다. 앞선 문제점을 개선하기 위해 초기현장조사 보고서 개선안을 제시하였다. 다음 <그림 5.12>는 건설사고 초기현장조사 보고서 개선안이다.

건설사고 초기현장조사 보고서(안)				
보고일시		발신(보고자)		
건명				
사고일시				
공사명				
시공사	원도급사		책임자 및 연락처	
	하도급사			
감리자			책임자 및 연락처	
설계자			책임자 및 연락처	
현장주소				
사고 종류				
사고 원인				
인적피해			장비손실	
구조물손실			피해금액	
공기지연			안전관리계획서 수립 대상 여부	해당( ), 해당없음( )

그림 5.12 초기현장조사 보고서 개선안

제 5장 건설사고 조사체계(안) 마련

사고발생 경위 (발생원인)	☐ 공사 개요 • 발주청 : • 공사규모 • 공사기간/공정률 • 공사금액 ☐ 사고 경위 ☐ 사고 원인 • 작업자 • 시공사 ☐ 관련기준
조치상황	☐ 국토안전관리원 사고조치 상황
대상 사업 법 의무사항 적정성	☐ 안전관리계획의 적정성 ☐ 설계안전성 검토 조치의 적정성(설계도서의 보완·변경 등 필요조치 확인)
관련 통계	☐ 금회 동일사고 통계(현장/원인) • 금회 동일사고 원인(예:토목 현장-토목 공종-관리적요인-과다한 굴착) 통계 <토목 현장의 연도별 "과다한 굴착" 발생건수> 2011: 2, 2012: 4, 2013: 6, 2014: 7, 2015: 6, 2016: 8, 2017: 11, 2018: 12, 2019: 15, 2020: 17 • 금회 건설현장(토목 현장) 사망자 발생현황 <토목 현장의 연도별 사망자 발생건수> 2011: 2, 2012: 1, 2013: 2, 2014: 3, 2015: 2, 2016: 4, 2017: 7, 2018: 8, 2019: 11, 2020: 13 ☐ 관련 통계 • 토목 현장 공종별 사고통계(발생비율)

그림 5.12 초기현장조사 보고서 개선안(계속)

건설사고 재해율 저감을 위한 해외 선진사례 조사 및 분석 연구

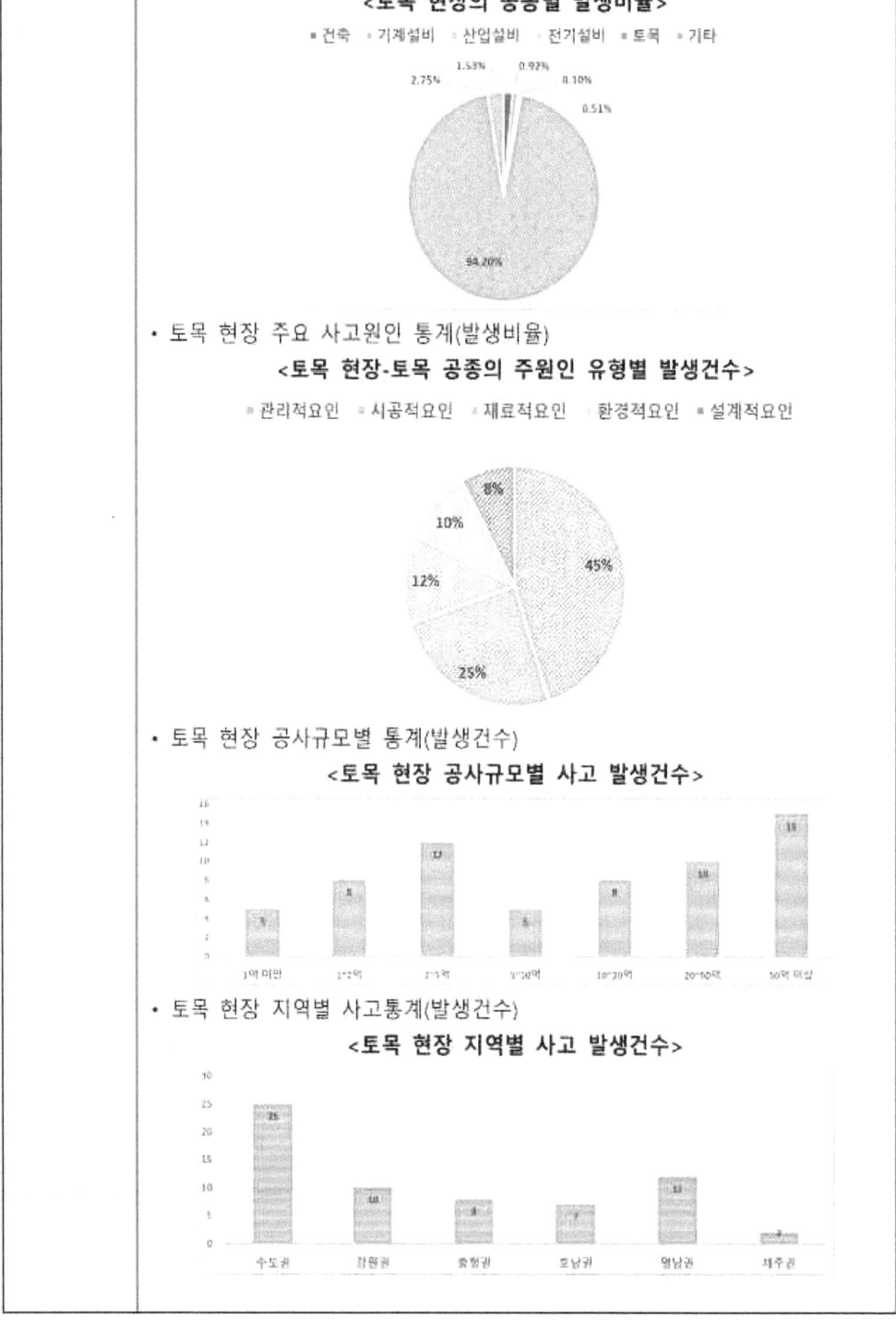

그림 5.12 초기현장조사 보고서 개선안(계속)

5.2.3 건설사고 수준별 조사(안)

가. 개요

영국의 위해사건 조사 수준 결정을 위한 위험도 매트릭스와 같이 국내 건설사고 조사도 수준별 조사방안 마련이 필요하다. 수준별 조사방안은 인력의 적절한 투입 및 배치로 인력 낭비를 방지하고 많은 사고건수를 효과적으로 대응할 수 있는 방안이라고 판단된다. 영국은 사건 발생에 대한 경미(Minor), 심각(Serious), 중대(Major), 치명적(Fatal) 등 잠재적 최악의 결과와 확실(Certain), 자주(Likely), 가능(Possible), 드묾(Unlikely), 희박(Rare) 등 발생가능성을 고려하여 조사의 수준을 4단계로 결정한다. 이와 같이 잠재적 최악의 결과와 발생가능성 등을 우리나라 건설사고 현실에 적용하기 위해 2021년 건설사고 현황을 조사·분석하여 우리나라에 적합한 기준 설정이 필요하다.

또한, 건설사고와 관련한 법·지침에 대해 조사·분석하여 건설사고에 대한 수준을 정의하고 현재 실정에 맞는 건설사고 수준별 조사방안 마련이 필요하다. 다음 <그림 5.13>은 건설사고 수준별 조사방안 마련 절차이다.

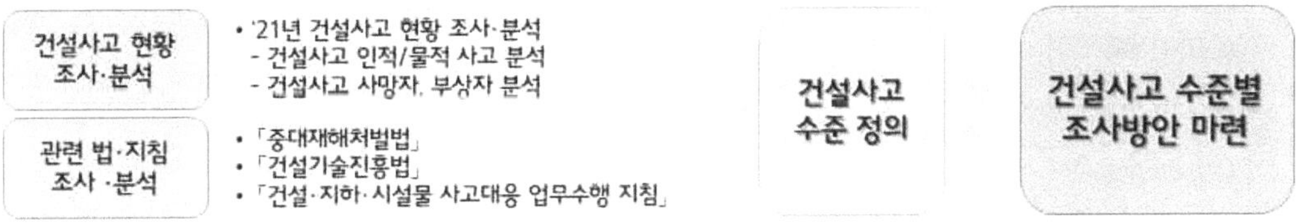

그림 5.13 건설사고 수준별 조사방안 마련 절차

나. 건설사고 수준의 정의

건설사고 수준별 조사방안을 마련하기 앞서 건설사고에 대한 수준을 정의하려 한다. 우선 2021년 건설사고는 총 3,584건이 발생하였으며, 인적사고는 총 3,552건이고 물적사고는 32건이다. 사망자만 발생한 사건은 213건이고 부상자만 발생한 사건은 3,354건으로 대부분을 차지하고 사망자와 부상자가 동시에 발생한 사건은 15건이다. 다음 <표 5.8>은 2021년 건설사고 현황을 나타낸다.

표 5.8 2021년 건설사고 현황(CSI 등록 기준)

구 분		사고건수
전 체		3,584
물적사고		32
인적사고	사망자 발생	1,213
	부상자 발생	3,354
	사망자 + 부상자 발생	15

사망자만 발생한 사건에 대해 도수분포로 분석하였으며, 총 213건 중 사망자가 1명만 발생한 사고는 211건이고, 사망자가 2명 또는 3명만 발생한 건수는 각 1건씩이다. 전반적으로 사망자가 1명만 발생한 사고가 절대적으로 많은 분포를 나타내고 있으며, 다음 <표 5.9>는 2021년 건설사고 사망자 도수분포표이다.

표 5.9 2021년 건설사고 사망자 도수분포표

구 분	사고건수	비 중
사망자 1명	211	99.1%
사망자 2명	1	0.5%
사망자 3명	1	0.5%
총 계	213	100%

부상자만 발생한 사건에 대해서도 도수분포로 분석하였으며, 총 3,354건 중 부상자가 1명만 발생한 사고건수는 전체 건수의 약 99%인 3,319건이며, 부상자가 2명인 사고건수는 25건이다. 또한 부상자가 3명인 사고건수는 6건이며, 부상자가 4명 또는 6명 이상 사고건수는 1건이고 부상자가 5명인 사고건수는 2건이다. 다음 <표 5.10>은 2021년 건설사고 부상자 도수분포표이다.

표 5.10 2021년 건설사고 부상자 도수분포표

구 분	사고건수	비 중
부상자 1명	3,319	98.96%
부상자 2명	25	0.74%
부상자 3명	6	0.18%
부상자 4명	1	0.03%
부상자 5명	2	0.06%
부상자 6명 이상	1	0.03%
총 계	3,354	100.0%

'21년 산업안전보건 예방 강화 필요성 증대에 따라 「중대재해처벌법」시행이 되었으며, 중대재해는 중대산업재해와 중대시민재해로 구분하고 있다. 중대산업재해는 상시 근로자 5인 이상 사업장에서 발생한 산업재해 중 사망자 1명 이상, 동일 사고로 6개월 이상 치료 필요 부상자 2명 이상, 동일 유해요인으로 인한 직업성질병자 1년 이내 3명 이상 발생한 재해를 말한다.

또한, 중대시민재해는 원료, 제조물, 공중이용시설, 공중교통수단의 설계, 제조, 설치, 관리상 결함을 원인으로 발생한 재해 중에서 사망자 1명 이상, 동일 사고로 2개월 이상 치료 필요 부상자 10명 이상, 동일 원인으로 3개월 이상 치료 필요 질병자 10명 이상 발생한 재해를 말한다. 다음 <표 5.11>은 중대재해 적용대상이다.

표 5.11 중대재해 적용대상

구 분	중대시민재해	중대산업재해
사 망	1명 이상	1명 이상
부 상	시민 10명 이상(2개월 이상 치료)	종사자 2명 이상(6개월 이상 치료)
질 병	시민 10명 이상(3개월 이상 치료)	종사자 직업성 질병 연간3명 이상

국토안전관리원의 「건설·지하·시설물 사고대응 업무수행 지침('21.08.26)」에서 초기대응기준에는 사망자 1명 이상 또는 부상자 5명 이상 발생하는 사고나 건설중이거나 완공된 시설물이 붕괴 또는 전도되어 재시공이 필요한 사고, 국토교통부장관이 사고의 원인 규명 등을 위해 필요 인정한 사고에 대해 초기현장조사를 진행하도록 하고 있다. 다음 <표 5.12>는 「건설·지하·시설물 사고대응 업무수행 지침」의 초기현장조사 기준이다.

표 5.12 「건설·지하·시설물 사고대응 업무수행 지침('21.8.26.)」의 초기현장조사 기준

구 분	범 위
초기현장조사 기준	① 사망자 1명 이상 또는 부상자 5명 이상 발생 ② 건설중이거나 완공된 시설물이 붕괴 또는 전도되어 재시공이 필요 ③ 국토교통부장관이 사고의 원인 규명 등을 위해 필요 인정한 사고

현재 건설사고조사위원회는 「건설기술진흥법」에 따라 중대건설현장사고 발생 시 구성·운영된다. 「건설기술진흥법」의 중대건설현장사고는 사망자가 3명 이상, 부상자가 10명 이상 발생한 경우 등을 말한다. 다음 <표 5.13>은 「건설기술진흥법」의 중대건설현장사고에 대한 범위이다.

표 5.13 「건설기술진흥법」의 중대건설현장사고 범위

구 분	범 위
중대건설현장사고	① 사망자가 3명 이상 발생한 경우
	② 부상자가 10명 이상 발생한 경우
	③ 건설 중이거나 완공된 시설물이 붕괴 또는 전도 되어 재시공이 필요한 경우

앞서 「건설기술진흥법」의 중대건설현장사고, 「건설·지하·시설물 사고대응 업무수행지침('21.08.26)」의 초기현장조사 규정, 중대재해 적용대상, 2021년 건설사고 사망자 및 부상자 현황 등을 조사·분석하여 건설사고 수준에 대해 정의하였다. 1단계는 인적사고가 없는 물적사고만을 고려하였다. 2단계는 인적사고의 첫단계로 부상자가 1명 이상이거나 3명 미만인 사고를 대상으로 하였다. 3단계는 사망자가 1명 이상이거나 3명 미만, 부상자 3명 이상이거나 10명 미만인 경우이며, 마지막 4단계는 사망자가 3명 이상이고 부상자가 10명 이상인 경우를 말한다. 다음 <표 5.14>는 건설사고 수준(단계)별 정의이다.

표 5.14 건설사고 수준(단계)별 정의

단 계		정의(기준)	사고누적비율(%)	
물적사고	1단계	① 부상자와 사망자가 없는 물적사고	① 32건	0.89%
인적사고	2단계	① 부상자 1명	① 3,318건	92.58%
	3단계	① 사망자 3명 미만, ② 부상자 2명 이상, 10명 미만	① 212건 ② 35건	6.89%
	4단계	① 사망자 3명 이상, ② 부상자 10명 이상	① 1건 ② 1건	0.06%

*사고누적비율 : 2021년 건설사고 총 건수 3,584건에 대한 단계별 사고누적비율(%)

나. 건설사고 수준별 조사(안)

현재 건설사고에 대한 조사는 「건설·지하·시설물 사고대응 업무수행 지침」제4조에 따라 건설사고 초기 현장조사에 대해서만 명확한 기준이 제시되고 있으며, 자체조사위원회는 초기현장조사 결과를 근거하여 사고조사실장이 위원회 운영 여부 판단회의를 소집하여 재난안전본부장 주관하에 위원회 구성·운영 여부를 결정하고 있다. 또한 건설사고조사위원회는 「건설기술진흥법」에 따라 중대건설현장사고 발생 시 구성·운영되며, 중대건설현장사고는 사망자가 3명 이상, 부상자가 10명 이상 발생한 경우 등을 말한다.

국토안전관리원 인력의 적절한 투입 및 배치로 인력 낭비를 방지하고 많은 사고건수를 효과적으로 대응할 수 있도록 건설사고 수준별 조사(안)을 마련하였다. 1안은 현행 기준인 초기현장조사 대상과 건설사고조사위원회 구성·운영 대상과 앞절의 건설사고 수준의 정의를 참고하여 3단계로 조사방안을 제시하였다. 2안은 건설사고 조사 운영체계(안) 등의 개선안에 따라 국토안전관리원의 인력 확보 및 조직 확대를 고려하고 물적사고와 인적사고를 구분한 4단계 조사방안을 제시하였다. 다음 <그림 5.14>는 건설사고 수준별 조사(안) 모식도이다.

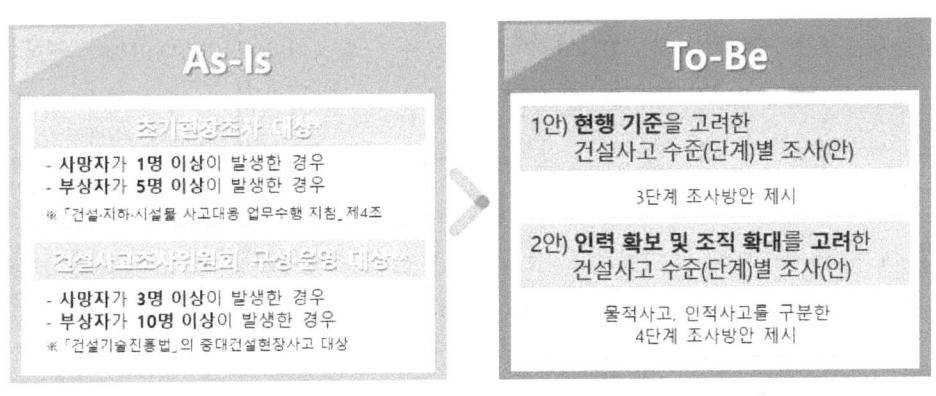

그림 5.14 건설사고 수준별 조사(안) 모식도

1) 1안 : 현행 기준을 고려한 건설사고 수준(단계)별 조사(안)

현행 기준을 고려한 건설사고 수준(단계)별 조사(안)은 1단계와 3단계는 기존 현행 기준을 고려하였으며, 2단계는 1단계와 3단계 사이에 자체조사위원회 구성·운영하도록 제시하였다. 1단계는 현행 「건설·지하·시설물 사고대응 업무수행 지침」제4조에 따른 사망자 1명 이상 또는 부상자 5명 이상 발생한 경우를 고려하여 지사에서 초기현장조사를 수행한다. 2단계는 사망자가 2명이거나 부상자가 7명 이상, 10명 미만인 경우 1단계를 유지하며, 자체사고조사위원회를 구성·운영하도록 하였다. 3단계는 현행 「건설기술진흥법」에 따라 중대건설현장사고 대상인 사망자가 3명 이상, 부상자가 10명 이상 발생한 경우에 본사 현장조사 지원 및 건설사고조사위원회 운영하도록 제시하였다. 다음 <표 5.15>는 현행 기준을 고려한 건설사고 수준(단계)별 조사(안)이다.

표 5.15 건설사고 수준(단계)별 조사(1안)

단 계	정의(기준)	조사방안
1단계	① 사망자 1명 ② 부상자 5명 이상, 7명 미만	- 지사 초기현장조사 수행(체크리스트 활용)
2단계	① 사망자 2명 ② 부상자 7명 이상, 10명 미만	- 지사 초기현장조사 수행 - 본사 현장조사 지원 - 자체사고조사위원회 구성·운영
3단계	① 사망자 3명 이상 ② 부상자 10명 이상	- 지사 초기현장조사 수행 - 본사 현장조사 지원 - 건설사고조사위원회 구성·운영

2) 2안 : 인력 확보 및 조직 확대를 고려한 건설사고 수준(단계)별 조사(안)

인력 확보 및 조직 확대를 고려한 건설사고 수준(단계)별 조사(안)은 1단계는 부상자와 사망자가 없는 물적사고로 2021년 기준 건설사고 발생비율이 0.89%(32건) 해당된다. 또한, 건설사고 중 사고가 발생할 뻔하였으나, 직접적으로 인적·물적 피해 등이 발생하지 않은 아차사고를 기준으로 지사에서 전화 인터뷰나 언론 모니터링 정도로 조사방안을 제시하였다.

2단계는 인적사고의 첫단계로 부상자가 1명인 경우로 '21년 건설사고 발생비율이 92.58%를 차지하며, 조사방안은 지사에서 초기현장조사 체크리스트를 활용하여 초기현장조사를 수행하도록 제시하였다.

3단계는 사망자가 3명 미만(212건), 부상자 2명 이상이거나 10명 미만인 경우(35건)로 총 6.89%이며, 조사방안은 2단계를 유지하고 본사에서 현장조사를 지원한다. 현장조사 지원은 자체 조사위원회 구성·운영을 위한 지원과 현장감식반 등의 조직을 신설하여 지원한다. 마지막 4단계는 사망자가 3명 이상(1건)이고 부상자가 10명 이상(1건)인 경우를 말하며 총 0.06%이다.

4단계는 건설사고조사위원회를 구성하여 운영하는 방안으로 제시하였다. 다음 <표 5.16>은 건설사고 수준(단계)별 조사(안)이다.

표 5.16 건설사고 수준(단계)별 조사(2안)

단 계		정의(기준)	조사방안
물적사고	1단계	① 부상자와 사망자가 없는 물적사고	- 지사 전화 인터뷰 및 언론 모니터링
인적사고	2단계	① 부상자 1명	지사 초기현장조사 수행 (체크리스트 활용)
	3단계	① 사망자 3명 미만 ② 부상자 2명 이상, 10명 미만	- 지사 초기현장조사 수행 - 본사 현장조사 지원(현장감식반 지원) - 자체사고조사위원회 구성·운영
	4단계	① 사망자 3명 이상 ② 부상자 10명 이상	- 지사 초기현장조사 수행 - 본사 현장조사 지원(현장감식반 지원) - 건설사고조사위원회 구성·운영

인력 확보 및 조직 확대를 고려한 건설사고 수준(단계)별 조사(2안)에 따른 절차도를 작성하였으며, 다음 <그림 5.15>와 같다. 사고가 발생하고 모니터링 및 경위 확인은 기존 절차와 동일하고 경위 확인 후 초기현장조사를 수행한다. 초기현장조사는 건설사고 수준을 고려하여 지사의 전화 인터뷰와 현장조사, 본사 현장조사 지원으로 구분하였다. 1단계 물적사고에는 초기 현장조사를 지사에서 전화 인터뷰를 진행하고 2단계 부상자 1명인 경우 지사에서 초기현장조사를 수행한다. 3단계와 4단계는 지사의 현장조사와 본사의 현장조사 지원을 수행하도록 하였다. 초기현장조사 이후 1단계와 2단계는 보고서를 작성하고 제출하도록 하였고, 3단계와 4단계는 각 단계별 조사방안에 맞춰 자체사고조사위원회 및 건설사고조사위원회 구성 및 운영을 진행하여 보고서 작성 및 제출하도록 하였다. 또한, 사고신고 시스템의 업무 절차에서는 사고조사 이후 인·허가기관 등에서 필수정보만 입력하는 것으로 제시하였다.

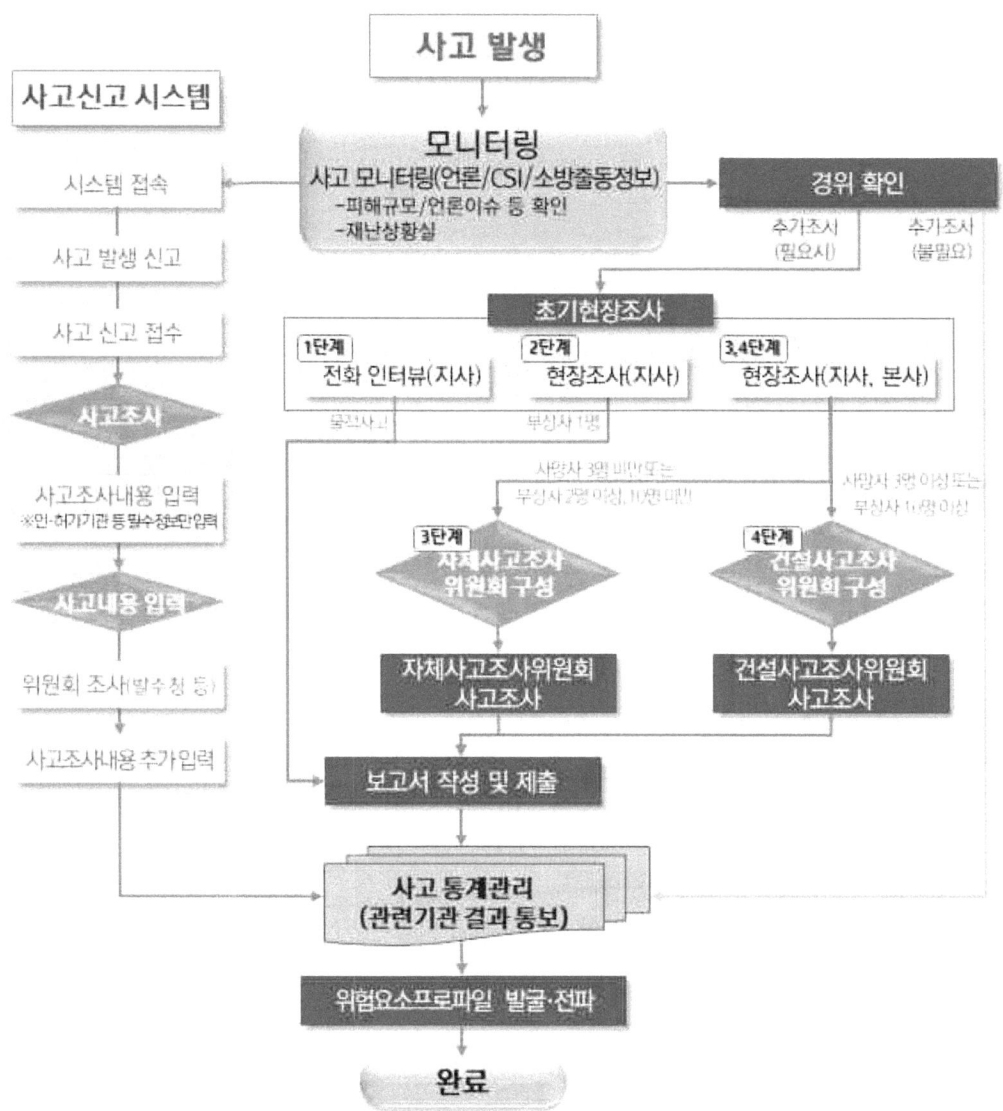

그림 5.15 건설사고 수준(단계)별 조사절차 개선(안)

5.3 건설사고 정보 분석 및 환류체계(안)

건설사고 정보 분석 및 환류의 궁극적인 목적은 사망자, 부상자 등의 사고 발생이 감소하는 것이다. 하지만 현재는 정보 분석 체계 부재로 제도 개선방안, 재발방지대책 수립 등 제시가 미흡하다. 또한, 공사비, 사고유형, 발주형태 등의 단순분석 정보는 효과적인 개선방안을 제시하는데 곤란하며, 제시한 개선방안 실행 후 실효성 분석 절차 부재로 효과적인 환류가 미흡하다. 따라서, 건설안전 제도개선 및 건설현장 안전점검 반영 등 사고 정보 분석 목적에 대한 구체화가 필요하다. 사고발생 경향, 안전점검의 대상 선정, 위험 사전통보, 제도이행 효과 등의 분석이 필요하고 건설사고에 대한 개선방안 제시 후 건설사고 예방에 기여한 실적을 분석하여 재발방지대책으로 지속적인 환류가 필요하다.

본 장에서는 건설사고 정보 분석 및 환류체계에 대한 개선방안을 제시하였다. 현재 CSI 홈페이지를 통해 위험요소 프로파일과 건설사고정보 리포트 등의 정보는 수요자를 특정하지 않고 제공하고 있다. 또한, 위험요소 프로파일은 상단 메뉴에서 편리하게 확인이 가능하지만 건설사고정보 리포트는 홈페이지의 공지사항에서 검색하여야 확인이 가능하다. 위험요소 프로파일, 건설사고정보 리포트 등 현재 구축하고 제공하는 유의미한 정보에 대해 필요 수요자 분석을 통해 맞춤형 정보제공이 필요하다. 이러한 맞춤형 정보제공을 위해서는 사례집, 월간 또는 분기별 리포트, 브로슈어 등의 다양한 정보와 수단 마련도 필요하다. 다음 <그림 5.16>은 건설사고 정보 분석 및 환류체계(안) 모식도이다.

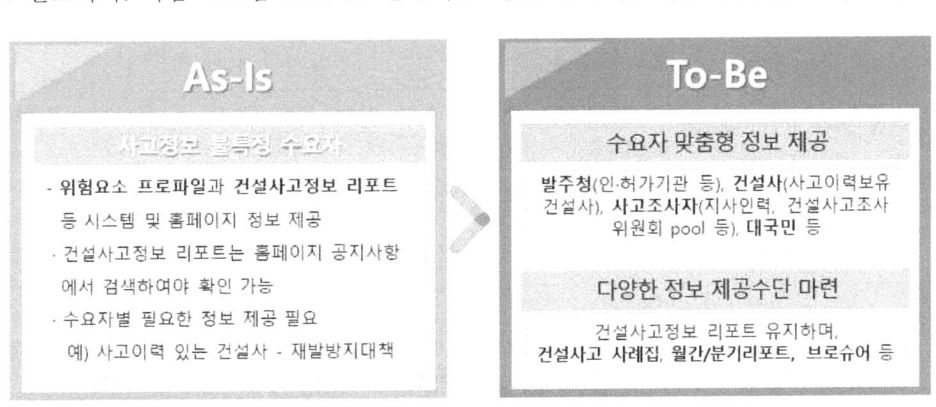

그림 5.16 건설사고 정보 분석 및 환류체계(안) 모식도

5.3.1 수요자 맞춤형 정보제공

건설사고 정보 분석은 현재 건설사고정보 리포트에서 제공하고 있는 건축, 토목 등 분야별 건설사고 발생 현황, 요일별 건설사고 및 사망사고 발생 현황, 발주유형별 사고발생 현황, 안전관리계획서 수립 대상 유형별 사고발생 현황, 공종별, 객체별, 작업별 사고발생 현황 등의 정보와 기관특성을 고려하여 물적사고에 대한 상세한 정보 분석이 필요하다.

이러한 정보 분석을 통해 건설사고 정보에 대한 맞춤형 정보제공은 불특정 다수의 수요자에게 수동적으로 정보를 제공하던 현재와 달리 수요자에게 능동적인 정보제공이 가능할 것이며 성공적인 환류체계 마련이 될 것으로 사료된다. 맞춤형 정보제공을 위해서는 실질적으로 건설사고 정보가 필요한 수요자 선정이 필요하다. 따라서 건설사고 정보 수요자에 따른 맞춤형 정보제공(안)을 제시하였다.

발주청 또는 인·허가기관에 대한 건설사고 정보는 안전 관련 법령 개정 정보, 월별/분기별/공종별 등 사고통계 정보 등이 필요할 것이며, 건설사는 월별/분기별/공종별 등 사고통계 정보와 사고원인 및 재발방지대책 사례 공정별 위험요인 정보 등이 필요하며, 사고조사자는 건설사고조사 절차, CSI 정보, 사고사례, 건설사고 원인조사 및 분석방법/기법, 현장지원기술 정보 등이 필요하다. 대국민은 사고통계 정보, 대형건설사고 사례 정보 등을 제시하였다. 다음 <표 5.17>은 수요자 맞춤형 정보 제공(안)이다.

표 5.17 수요자 맞춤형 정보 제공(안)

수요자		건설사고 정보(안)
① 발주청 또는 인·허가기관		- 안전관련 법령 개정 정보, 월별/분기별/공종별 등 사고통계 정보 등
② 건설사 (건설현장)	- 건축, 토목, 환경설비, 조경 등 건설사 - 사고이력 보유 건설사	- 월별/분기별/공종별 등 사고통계 정보, 사고원인 및 재발방지대책 사례, 공정별 위험요인 정보 등
③ 사고조사자	- 국토안전관리원 지사 초기현장조사 인력, 본사 현장조사 인력 - 건설사고조사위원회 조사자 인력 pool	- 건설사고조사 절차, CSI 정보, 사고사례(사고원인 및 재발방지대책), 건설사고 원인조사·분석 방법/기법 및 현장지원기술 정보 등
④ 대국민	- 일반 국민	- 사고통계(사고원인, 시기별, 지역별 등) 정보, 대형건설사고 사례(사고원인 등) 정보 등

건설현장에는 위험성평가, 협의체회의, 안전교육, 안전활동, 안전점검 및 평가 등 단계별 안전활동을 수행하고 있다. 건설사고 정보는 건설현장의 단계별 안전활동에 활용이 가능할 것이다. 위험성 평가와 안전활동에는 공정별 위험요인, 사고사례 정보 활용이 가능하며, 안전교육과 안전점검에는 사고사례와 재발방지대책 등의 정보 활용이 가능할 것이다. 다음 <그림 5.17>은 건설사고 정보의 건설현장 단계별 안전활동 환류체계(안)이다.

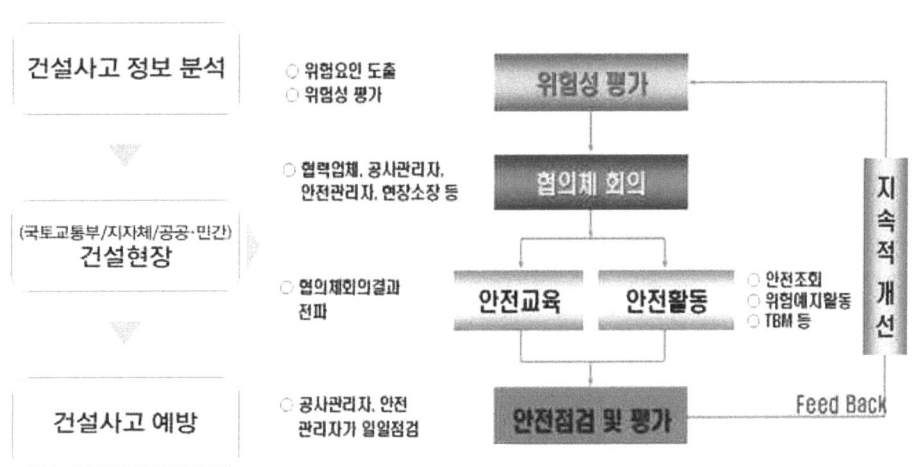

그림 5.17 건설사고 정보의 건설현장 단계별 안전활동 환류체계(안)

5.3.2 다양한 정보 제공수단 마련

건설사고 정보 분석을 통해 마련한 유의미한 정보를 수요자에게 제공하는 방법도 중요하다. 현재 CSI를 통해 제공하는 위험요소 프로파일과 건설사고정보 리포트는 유의미한 정보인데 비해 정보의 제공체계가 홈페이지 제공으로 제한적이다. 다양한 정보 제공체계 마련은 필요하며, 다음 <표 5.18>과 같이 건설사고 정보 제공체계(안)을 제시하였다. 건설사고 정보 제공체계(안)은 사고사례집, 리포트, 브로슈어로 제시하며, 향후 과제를 통해 제공체계와 수요자별 맞춤형 제공방안 등을 마련하는 것이 필요하다고 판단된다.

사고사례집은 연 2회, 전문가용과 비전문가용으로 구분하여 발행하도록 제시하였다. 전문가용 사고사례집은 발주처 또는 인·허가기관, 건설사, 사고조사자 등을 대상으로 연간 발생한 전체 사고사례의 사고원인, 재발방지대책 등의 내용을 제공한다. 또한 비전문가용 사고사례집은 대국인을 대상으로 전국적으로 이슈화된 사고사례에 대해 사고원인, 재발방지대책 등의 내용을 제공한다.

리포트는 현재 연간 2회 발간 중인 건설사고정보 리포트에 대해 분기별로 발간하도록 제시하였다. 기존 건설사고정보 리포트에서 제공하고 있는 관련 법령(건진법 등) 주요 개정내용, 건설공사 안전관리 종합정보망(CSI) 현황, 건설사고 신고현황, 건설사고 발생 요인 분석, 위험요소프로파일 이외에 월간 또는 분기별 사고사례(사고원인, 재발방지대책 등), 사고 많은 작업별 위험요인 및 안전수칙, 이달의 사고 이슈, 물적사고 중심의 국내·외 사고예방대책, 국토안전관리원 사고조사 노력 등의 내용을 제공한다.

또한 브로슈어는 설명, 광고 등을 위하여 만든 얇은 책자 단어의 정의에 맞게 연간 2회 발간하고 이슈화된 사고사례의 사고원인과 재발방지대책 등의 현황과 국토안전관리원의 사고조사 노력 등을 수록한다.

표 5.18 건설사고 정보 제공체계(안)

구 분	제공주기	내 용
① 사고사례집	연 2회	- 전문가용 · 대상 : 발주처 또는 인·허가기관, 건설사 등 · 내용 : 전체 사고사례(사고원인, 재발방지대책 등) - 비전문가용 · 대상 : 대국민 · 내용 : 이슈화된 사고사례(사고원인, 재발방지대책 등)
② 리포트	분기별	- 관련 법령(건진법 등) 주요 개정내용 - 건설공사안전관리종합정보망(CSI) 현황 - 건설사고 신고현황 - 건설사고 발생 요인 분석 - 위험요소프로파일 - 월간 또는 분기별 사고사례(사고원인, 재발방지대책 등) - 사고 많은 작업별 위험요인 및 안전수칙 - 이달의 사고 이슈 - 국내·외 사고예방대책(물적사고 중심) - 국토안전관리원 사고조사노력 등
③ 브로슈어	연 2회	- 이슈화된 사고사례(사고원인, 재발방지대책 등) - 국토안전관리원 사고조사노력 등

5.4 건설사고 조사 교육체계(안)

2022년 10월 20일~21일, 2일간 사고조사자 역량강화 워크숍 및 교육을 시행하였다. 교육 프로그램은 재난·사고 대응 체계 및 초기현장보고서 작성법, 건설사고 조사체계 개선 방향 소개, 초기현장조사 실무 사례, 사고조사 기법, 면담기법, 구조물 안정화 이론 등이다. 현행 건설사고에 대한 정기적인 조사 교육체계는 부재한 실정이며, 워크숍 등과 같은 비정기적인 교육만 시행하고 있다.

본 장에서는 승강기, 항공, 재난분야 사고조사자 교육 현황을 참고하여 건설사고 조사자 교육 프로그램(안)과 건설사고조사위원회 교육 프로그램(안)을 제시하였다. 타기관 및 타분야 사고조사자 교육은 대부분 연간 1~2회를 진행하고 있으며, 승강기 사고조사자 교육은 신규 조사자와 기존 조사자로 구분하여 교육을 진행하고 있고, 항공 사고조사자 교육은 10일간 총 80시간을 교육하고 있다. 재난분야의 경우 신규직원은 대상 과목을 수료해야 하며 교육 수료 후 2년 내 평가를 시행하여 이수를 해야한다. 또한 기존 조사자를 대상으로 평균 30시간의 강의와 40시간의 실습을 통해 기초소양과 안전사고기본교육을 진행하고 있다.

타기관 및 타분야의 사고조사자 교육 현황을 벤치마킹하여 건설사고 조사자 교육은 국토안전관리원 지사 및 본사의 신규 사고조사자를 대상으로 1년 1회 대면교육을 진행하도록 계획하였다. 또한, 건설사고 중견조사자 교육은 건설사고조사 중견조사자를 대상으로 대면교육, 1년 1회 비대면 동영상 교육이다. 다음 <그림 5.18>은 건설사고 조사 교육체계(안) 모식도이다.

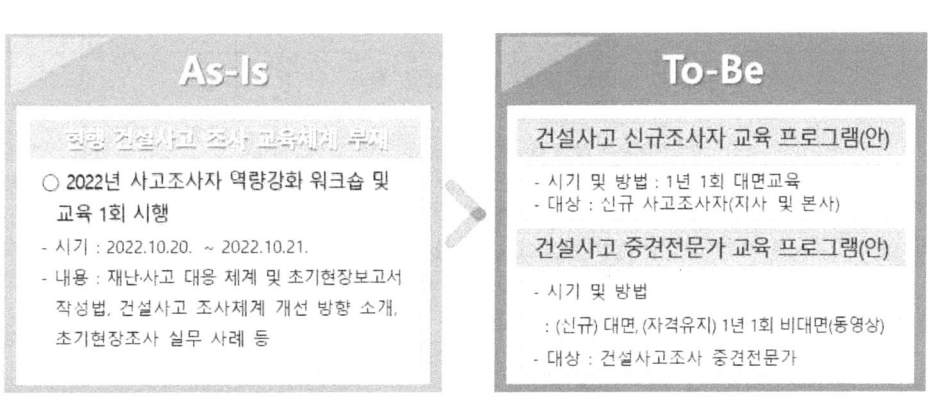

그림 5.18 건설사고 조사 교육체계(안) 모식도

5.4.1 건설사고 조사자 교육 프로그램(안)

건설사고 조사자 교육 프로그램(안)은 건설사고 조사에 필요한 지식과 기법을 습득시키고 이를 현장에 적용할 수 있는 능력을 배양하기 위한 것이 목적이다. 교육대상은 국토안전관리원의 지사와 본사 사고조사자로 신규직원과 기존직원이 해당된다. 교육시기는 6월 18일 건설의 날 등 기념일을 활용하여 연간 1회 시행하도록 하였다.

교육방법은 워크숍 등 대면교육을 우선으로 시행하고 코로나19 등 감염병 예방을 위해 온라인 강의로 진행하도록 하였다. 또한 필요한 경우 신규직원은 이수를 위한 평가와 기존직원은 자격유지를 위한 평가를 시행한다.

교육내용은 「건설기술진흥법」, 「건설·지하·시설물 사고대응 업무수행 지침」, 「건설공사 사업관리 방식 검토기준 및 업무수행지침」 등 건설사고와 관련한 법·지침 동향과 현행 건설사고 조사체계에 대한 이해, 초기현장조사 보고서 작성법이다. 또한, 건설사고사례에 대한 사고현황, 사고원인, 사고조사 노하우, 재발방지대책 등과 타분야 사고조사 프로파일링 기법 등이 교육내용으로 제시하였다. 다음 <표 5.19>는 건설사고 조사자 교육 프로그램(안)이다.

표 5.19 건설사고 조사자 교육 프로그램(안)

구 분	내 용
교육목적	- 건설사고 조사에 필요한 지식과 기법을 습득시키고 이를 현장에 적용할 수 있는 능력을 배양하기 위함
교육대상	- 국토안전관리원 지사/본사 신규 및 기존 사고조사자
교육시기/방법	- (시기) 건설의 날(6월 18일) 등 기념일 활용, 연간 1회 시행 - (방법) 워크숍 등 대면교육 후 (필요시) 평가 시행 　※ 코로나19 등 감염병 유행 시 온라인 강의 진행
교육내용	- 건설사고 관련 법·지침 동향 - 현행 건설사고 조사체계의 이해 및 초기현장조사보고서 작성법 - 건설사고사례(사고현황, 사고원인, 사고조사 노하우, 재발방지대책 등) - 타분야 사고조사 프로파일링 기법

5.4.2 건설사고 중견조사자 교육 프로그램(안)

건설사고 중견조사자 교육 프로그램(안)은 중대건설현장사고 등 사고조사에 필요한 지식과 기법을 습득시키고 이를 현장에 적용할 수 있는 능력을 배양하기 위한 것이 목적이다. 교육대상은 건설사고조사 중견전문가가 해당된다. 교육시기는 6월 18일 건설의 날 등 기념일을 활용하여 연간 1회 시행하도록 하였다.

교육방법은 대면교육을 우선 진행하고, 참석이 어려운 경우 온라인 동영상 교육을 진행하도록 하였다. 교육내용은 「건설기술진흥법」, 「건설사고조사위원회 운영규정」 등 건설사고와 관련한 법·지침 동향과 현행 건설사고 조사체계에 대한 이해, 조사보고서 작성법이다. 또한, 건설사고사례에 대한 사고현황, 사고원인, 사고조사 노하우, 재발방지대책 등과 「건설사고조사위원회 운영규정」 제25조에 따라 현장조사 시 육안 관찰, 잔해처리 및 잔해보관, 시편채집 및 공인시험, 영상자료의 기록 등에 필요한 교육을 시행하고 건설사고의 경위 및 원인조사·분석 방법과 건설사고 재발방지에 관한 권고 또는 건의를 작성하는 방법 등을 교육내용으로 제시하였다. 다음 <표 5.20>은 건설사고 중견조사자 교육 프로그램(안)이다.

표 5.20 건설사고 중견조사자 교육 프로그램(안)

구 분	내 용
교육목적	- 중대건설현장사고 등 사고조사에 필요한 지식과 기법을 습득시키고 이를 현장에 적용할 수 있는 능력을 배양하기 위함
교육대상	- 건설사고조사 중견조사자
교육시기/방법	- (시기) 건설의 날(6월 18일) 등 기념일 활용, 연간 1회 시행 - (방법) 대면교육, 온라인 동영상 교육 등
교육내용	- 건설사고 관련 법 동향 - 현행 건설사고 조사체계의 이해 및 조사보고서 작성법 - 건설사고사례(사고현황, 사고원인, 사고조사 노하우, 재발방지대책 등) - 사고 현장조사 방법(육안 관찰, 잔해처리 및 잔해보관, 시편채집 및 공인시험, 영상자료의 기록 등) - 건설사고의 경위 및 원인조사·분석 방법 - 건설사고 재발방지에 관한 권고 또는 건의 작성

5.5 건설사고 조사 운영체계 개선(안)

앞서 타기관의 사고조사조직 및 인력을 조사·분석한 결과, 승강기안전공단은 초동조사반과 전문조사반의 경우 내부 2인, 외부 1인으로 구성하며, 사고시험, 검사 등의 전담 부속기관인 승강기안전기술원을 운영하고, 국과수·경찰청 등 MOU 체결 등으로 상호 정보공유 체계 구축하고 있다. 항공철도사고조사위원회는 항공조사팀과 사고조사분석팀으로 구분되어 전문성 있는 조직체계를 운영하고 있다. 타기관은 사고조사 조직이 대부분 처단 위이며, 업무를 고려하여 실·팀으로 구성하고 있다.

본 장의 건설사고 조사체계(안)을 통해 상세한 건설사고 원인분류체계와 수집되는 건설사고 접수 정보항목 중 인·허가기관의 필수입력 항목을 줄이고 국토안전관리원이 입력하고 관리하는 항목이 늘어날 것이다. 건설사고 수준(단계)별 조사방안 중 2안의 경우 초기현장조사가 부상자 1명으로 기준하고 있어 현행 사망자 1명인 기준에 비해 추가 인력이 필요할 것이다. 또한, 건설사고 정보 분석 및 환류체계(안)을 통해 제시한 사고사례집, 월간 또는 분기별 리포터, 브로슈어 등의 환류방안과 건설사고 조사 관련 조사자 교육과 건설사고조사위원회 교육을 위해 지원할 수 있는 충분한 인력과 체계적인 조직 구성이 필요하다.

본 절에서는 내실있는 사고조사를 위해 사고조사실 확대 개편(안)을 제시하였다. 다음 <그림 5.19>는 건설사고 조사 운영체계 개선(안) 모식도이다.

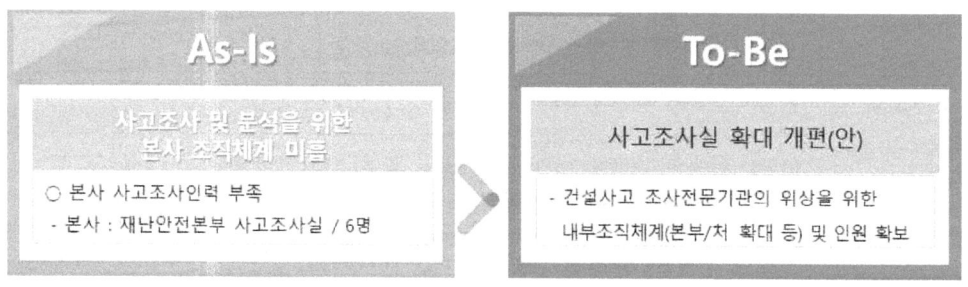

그림 5.19 건설사고 조사 운영체계 개선(안) 모식도

5.5.1 사고조사실 확대 개편(안)

건설사고 접수 정보에 대해 인·허가기관의 입력 항목을 줄이고 국토안전관리원이 입력하고 관리하는 역할을 확대하였다. 건설사고 수준별 조사방안에 따라 초기현장조사, 건설사고조사위원회 등 국토안전관리원 사고조사 인력의 투입 시기를 현행 기준보다 앞당겼으며, 건설사고 정보 분석을 통한 사고사례집, 월간 또는 분기별 리포트, 브로슈어 등의 환류방안을 제시하여 국토안전관리원 사고조사관련 업무를 발굴하고 제시하였다. 또한, 초기현장조사 및 건설사고조사위원회의 사고조사자를 위한 교육 프로그램을 제시하였다.

앞서 소개한 건설사고 조사체계(안)에 따라 국토안전관리원이 사고조사 정보수집, 사고조사, 통계분석 및 환류, 교육 등 건설사고 조사전문기관의 위상을 위해서는 내부조직체계 강화 및 인원 확보가 필요하다. 또한, 한국승강기안전공단, 항공사고조사위원회 등의 사례 조사를 통해 타기관의 사고조사 조직 및 인력의 외형적인 규모와 형태도 참고하여 내부조직체계 강화 및 인원 확보방안 마련이 필요하다.

사고조사실에 대한 확대 개편(안)은 현재 재난안전본부 소속 사고조사실을 사고조사본부로 격상시키고 사고조사본부에 사고조사실과 사고분석실, 사고정보실을 두었다. 사고조사실은 초기현장조사부터 건설사고조사위원회 구성·운영까지의 모든 사고조사업무를 운영 총괄하며, 사고분석실은 사고 프로파일링, 사고조사 결과 분석, 재발방지대책 마련 등을 총괄하도록 제시하였다. 또한 사고정보실은 사고조사를 통한 통계분석과 수요자별 맞춤형 정보제공, 사고사례집, 리포트, 브로슈어 등을 발간하는 역할을 제시하였다. 또한, 사고조사실에 현장감식반을 구성하여 건설사고 수준 3~4단계시 현장조사를 지원하는 방안을 제시하였다. 다음 <그림 5.20>은 사고조사실 확대 개편(안)이다.

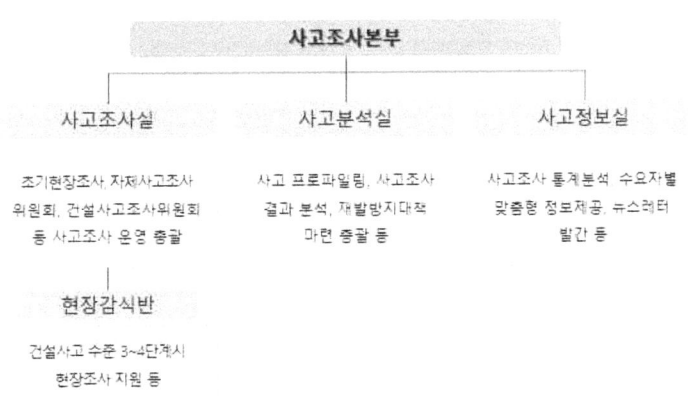

그림 5.20 사고조사실 확대 개편(안)

5.6 법·제도 개선방안

「건설기술진흥법」제67조에 따라 건설사고가 발생한 것을 알게 된 건설공사 참여자는 지체 없이 그 사실을 발주청 및 인·허가기관의 장에게 통보하여야 한다. 발주청 및 인·허가기관의 장은 사고 사실을 통보 받으면 국토교통부장관에게 관련사항을 제출하여야 한다. 또한, 중대한 건설사고가 발생하면 건설사고조사위원회로 하여금 경위 및 원인을 조사하게 할 수 있다.

현행 「건설기술진흥법」은 건설사고 발생시 현장점검 등에 대한 국토안전관리원의 역할과 책임에 대한 법적근거가 명확히 명시되어 있지 않다. 사고조사 전문기관으로 미지정되어 조사체계와 방법론 등이 미흡한 실정이다. 따라서, 국토안전관리원이 사고조사 전문기관으로서의 위상을 위해 법적인 근거 마련이 필요하다.

본 장에서는 국토안전관리원이 사고조사 전문기관으로의 위상을 위해 「건설기술진흥법」에 신설조항을 제시하였다. 다음 <그림 5.21>은 법·제도 개선방안 모식도이다.

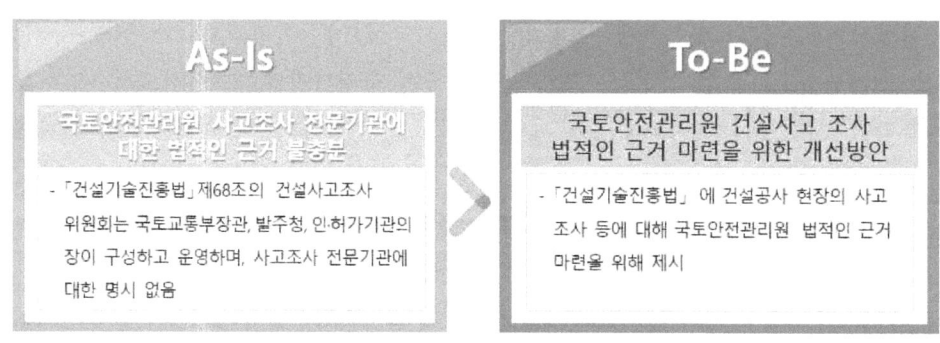

그림 5.21 법·제도 개선방안 모식도

법·제도 개선방안을 제시하기에 앞서 2020년 9월 발의된 건설안전특별법안과 산업안전보건법의 관련 조문을 참고하였다. 건설안전특별법안은 건설현장에서 발생하는 사고를 줄이기 위해서 발주자, 기업의 경영진 등 상대적으로 권한이 큰 주체가 그에 상응하는 책임을 져야 함에도 실제 사고로 인한 피해는 권한이 상대적으로 작은 하청 근로자들이 입고 있어, 발주자부터 적정한 공사비용과 공사기간을 제공하고, 원수급인이 안전관리를 책임지도록 하는 등 건설공사 주체별로 권한에 상응하는 안전관리 책임을 부여하고 책임을 소홀히 하여 인명피해가 발생하는 경우 합당한 책임을 지도록 하여 현장의 근로자들에게 안전한 작업환경을 제공해주기 위해 발의되어 현재 계류 중이다.

본 건설안전특별법안의 내용 중 국토안전관리원의 건설사고 조사에 대한 법적인 근거 마련과 관련된 내용은 다음 <표 5.21>과 같다.

건설사고 조사 시 국토교통부장관, 발주청, 인허과기관의 장 이외에 국토안전관리원도 원인 규명과 사고 예방을 위한 사고 경위 및 사고 원인 등을 조사할 수 있는 규정을 제28조에 제시하였다. 이러한 국토안전관리원의 사고조사에 대한 법적인 근거는 「건설기술진흥법」에는 제시하지 않고 있으며, 본 법안은 국토안전관리원의 위상과 사고조사에 대한 명백한 법적근거 제시를 하고 있다.

다만, 현재는 계류중이나 건설사의 반대가 심하여 해당 법안의 제정이 어려울 것이라고 언론매체 등에서 언급하고 있으며, 건설안전특별법안이 제정이 어렵더라도 국토안전관리원의 사고조사 관련 법적 근거 마련 내용은 타 법안에서 제시할 필요가 있을 것으로 사료된다.

표 5.21 '건설안전특별법안'의 국토안전관리원 법적 근거 현황

건설안전특별법안 제28조(건설사고 조사 등)
제28조(건설사고 조사 등) ① 국토교통부장관, 발주청, 인허가기관의 장 및 **국토안전관리원**은 건설사고가 발생하면 그 원인 규명과 사고 예방을 위하여 사고 경위 및 사고 원인 등을 조사할 수 있다. 이 경우 국토안전관리원은 공무원과 동행하여야 한다.
② 제1항에 따라 건설사고의 원인 등을 조사하는 자(이하 "조사자"라 한다)는 다른 조사자가 조사한 결과의 제공을 해당 조사자에게 요청할 수 있다. 이 경우 해당 조사자는 특별한 사유가 없으면 그 요청에 따라야 한다.
③ 국토교통부장관은 사고 경위 및 사고 원인 등을 조사하기 위해 필요한 경우 관할 경찰서장 및 고용노동부장관에게 그 기관이 수사 또는 조사한 자료의 공유를 요청할 수 있다. 이 경우 해당 기관은 특별한 사유가 없으면 그 요청에 따라야 한다.
④ 국토교통부장관, 발주청 및 인허가기관의 장은 건설사고가 재발할 우려가 있는 현장에 대하여 공사의 전부 또는 일부 중지를 명할 수 있다.
⑤ 제4항에 따라 공사 중지 명령을 받은 발주자는 수급인과 건설사고 재발방지 대책을 수립하여 공사 중지를 명한 자에게 제출하여야 한다.
⑥ 제4항에 따라 공사 중지를 명한 자는 제5항에 따른 대책을 검토하고, 그 대책이 건설사고의 재발을 방지하기에 충분한 경우에는 공사 중지를 해제할 수 있다.
⑦ 제4항에 따른 공사 중지로 인한 공사기간의 연장이나 공사비용의 인상 등은 발주자와 설계자등의 과실 비율에 따라 각각 부담하여야 한다.

「산업안전보건법」 제156조에 따라 산업안전보건공단(이하 공단)이 위탁받은 업무를 수행하기 위하여 필요하다고 인정할 때에는 공단 소속 직원에게 사업장에 출입하여 산업재해 예방에 필요한 검사 및 지도 등을 하게 하거나, 역학조사를 위하여 필요한 경우 관계자에

게 질문하거나 필요한 서류의 제출을 요구하게 할 수 있으며, 다음 <표 5.22>와 같다. 공단 소속 직원에 대한 사업장 출입 등의 권한을 부여하고 있으며, 국토안전관리원이 사고조사 등의 업무를 수행할 시 이와 같은 법률 내용이 추가적으로 필요하다고 판단된다.

표 5.22 「산업안전보건법」의 산업안전보건공단 소속 직원 검사 및 지도관련 법률 현황

산업안전보건법 제156조(공단 소속 직원의 검사 및 지도 등)
제156조(공단 소속 직원의 검사 및 지도 등) ① 고용노동부장관은 제165조제2항에 따라 공단이 위탁받은 업무를 수행하기 위하여 필요하다고 인정할 때에는 공단 소속 직원에게 사업장에 출입하여 산업재해 예방에 필요한 검사 및 지도 등을 하게 하거나, 역학조사를 위하여 필요한 경우 관계자에게 질문하거나 필요한 서류의 제출을 요구하게 할 수 있다.
② 제1항에 따라 공단 소속 직원이 검사 또는 지도업무 등을 하였을 때에는 그 결과를 고용노동부장관에게 보고하여야 한다.
③ 공단 소속 직원이 제1항에 따라 사업장에 출입하는 경우에는 제155조제4항을 준용한다. 이 경우 "근로감독관"은 "공단 소속 직원"으로 본다.

국토안전관리원의 건설사고 조사에 대한 법적 근거 마련을 위해, 다음 <표 5.23>과 같이 「건설기술진흥법」 제67조2항으로 개선방안을 제시하였다. 국토안전관리원이 건설사고가 발생하면 원인 규명과 사고 예방을 위하여 사고 경위 및 사고 원인 등을 조사할 수 있고 역학조사를 위하여 필요한 경우 관계자에게 질문하거나 필요한 서류의 제출을 요구하게 할 수 있는 것으로 명시하였다. 또한 건설사고의 원인 등을 조사하는 경우 다른 조사자의 조사 결과에 대해 제공 요청을 할 수 있고, 건설사고 현장에 출입하는 경우 신분을 나타내는 증표를 지니고 가도록 하였다.

제 5장 건설사고 조사체계(안) 마련

표 5.23 국토안전관리원의 사고조사 전문기관 근거 마련을 위한 「건설기술진흥법」 개선방안

현 행	개선방안
제67조(건설공사 현장의 사고조사 등) ① 건설사고가 발생한 것을 알게 된 건설공사 참여자(발주자는 제외한다)는 지체 없이 그 사실을 발주청 및 인·허가기관의 장에게 통보하여야 한다. ② 발주청 및 인·허가기관의 장은 제1항에 따라 사고 사실을 통보받았을 때에는 대통령령으로 정하는 바에 따라 다음 각 호의 사항을 즉시 국토교통부장관에게 제출하여야 한다. 1. 사고발생 일시 및 장소 2. 사고발생 경위 3. 조치사항 4. 향후 조치계획 ③ 국토교통부장관, 발주청 및 인·허가기관의 장은 대통령령으로 정하는 중대한 건설사고(이하 "중대건설현장사고" 라 한다)가 발생하면 그 원인 규명과 사고 예방을 위하여 건설공사 현장에서 사고 경위 및 사고 원인 등을 조사할 수 있다. - 중략 -	〈좌 동〉
-	〈신 설〉 제67조의2(국토안전관리원의 건설사고 조사 등) ① 국토안전관리원은 건설사고가 발생하면 그 원인 규명과 사고 예방을 위하여 사고 경위 및 사고 원인 등을 조사할 수 있다. 역학조사를 위하여 필요한 경우 관계자에게 질문하거나 필요한 서류의 제출을 요구하게 할 수 있다. ② 제1항에 따라 건설사고의 원인 등을 조사하는 경우 다른 조사자가 조사한 결과의 제공을 해당 조사자에게 요청할 수 있다. 이 경우 해당 조사자는 특별한 사유가 없으면 그 요청에 따라야 한다. ③ 제1항에 따라 국토안전관리원이 건설사고 조사 등을 하였을 때에는 그 결과를 국토교통부장관에게 보고하여야 한다. ④ 국토안전관리원은 제1항에 따라 건설사고 현장에 출입하는 경우에 그 신분을 나타내는 증표를 지니고 관계인에게 보여 주어야 하며, 출입 시 성명, 출입시간, 출입 목적 등이 표시된 문서를 관계인에게 내주어야 한다.

5.7 제언사항

본 보고서에서 제시한 건설사고 조사체계(안)의 효율적이고 체계적인 수행을 위하여 향후 과제를 제시하였다. 향후 과제는 건설사고 정보 수집과 건설사고 조사 교육체계에 대하여 아래와 같이 제시하였다.

가. 건설사고 정보 수집

향후 실효성 있는 건설사고 정보 수집을 위해 건설사고 원인조사·분석방법/기법 및 현장지원기술 개발과 시범적용이 필요할 것이다. 건축현장, 토목현장 등 건설사고 현장별 특화된 원인조사 및 분석방법/기법의 개발이 필요하며, 구조물과 관련된 사고 발생 시 과학적 현장조사를 위한 현장지원기술 개발과 이에 대한 시범적용을 통한 검증이 필요할 것이다.

또한, 건축, 토목, 산업환경설비, 조경 현장을 고려한 초기현장조사 체크리스트 개선(안)을 활용하여 초기현장 조사자의 편의성을 고려한 건설사고 초기현장조사 체크리스트 앱(App) 개발이 필요하다.

나. 건설사고 조사 교육체계

건설사고 조사체계(안)을 통해 건설사고 조사 교육체계(안)을 통해 지사 및 본사의 현장조사자와 건설사고 중견조사자 대상 교육 프로그램을 제시하였다. 앞서 제시한 교육 프로그램 이외에 다양한 교육 프로그램 및 방법 개발이 필요할 것이다.

현장의 사고조사자에 대한 사고조사 방법, 초기현장조사 보고서 작성 등의 교육프로그램 요구사항을 조사·분석하여 맞춤형 교육 프로그램 발굴이 필요하며, 단순 대면회의 및 동영상 교육 이외에 사고현장에 대한 채집, 시료 분석 등의 사고원인조사 현장실습과 VR·AR 등의 교육 콘텐츠 개발이 필요할 것으로 판단된다.

참 고 문 헌

[1] 건설공사 안전관리 종합정보망(www.csi.go.kr)

[2] 국토안전관리원, 한국승강기안전공단, 항공철도사고조사위원회 내규

[3] 대한민국 공군 항공안전단 홈페이지(safety.airforce.mil.kr)

[4] 법제처 국가법령정보센터(www.law.go.kr)

[5] 항공철도사고조사위원회 홈페이지(araib.molit.og.kr)

[6] 영국, 보건안전청 웹사이트(hse.gov.uk)

[7] 영국, 공공데이터 포털(https:/data.gov.uk)

[8] 일본, 국토교통성 건설공사사고데이터베이스(https://sas.hrr.mlit.go.jp)

[10] 후생노동성 노동재해 통계공개사이트(https://anzeninfo.mhlw.go.jp)

[11] 야마구치 외 2인, "建設工事の事故リスク評価に向けた事故發生頻度の試算方法に關する一提案", 제37회 건설메니저먼트 문제에 관한 연구발표회, 논문강연집, PP.373-376, 2019.12

[12] 재난원인 Forensic 조사·분석 최적 기법 연구, 국립재난안전연구원, 2017

[13] 피삼경, "싱가포르의 작업장안전보건법 제정과 시사점에 관한 연구", 2008 세계법제연구보고서, p.248~285, 2008

[14] 국가승강기정보센터(elevator.go.kr)

[15] 재난원인 Forensic 조사·분석 최적 기법 연구, 국립재난안전연구원, 2017

부록

1 초기현장조사 체크리스트

2 평가위원 조치 계획 및 결과

[부록1] 초기현장조사 체크리스트

1안 : 건설현장 특성을 고려한 초기현장조사 체크리스트

건설사고 초기현장조사 체크리스트(안) : 건축 현장

기본현황

작성일시	
작성자	
사고명	
사고일시	
사고장소	
사고경위	(주관식으로 서술)
기상상태	☐ 맑음 ☐ 강설 ☐ 강우 ☐ 강풍 ☐ 안개 ☐ 흐림

사고정보

사고 원인		(주요내용 서술)
시설물 분류	☐ 건축물	
공종	☐ 건축	☐ 철근콘크리트공사, ☐ 조적공사, ☐ 수장공사, ☐ 건축물 부대공사, ☐ 타일 및 돌공사, ☐ 해체 및 철거공사, ☐ 미장공사, ☐ 가설공사, ☐ 도장공사, ☐ 철골공사, ☐ 금속공사, ☐ 창호 및 유리공사, ☐ 지붕 및 홈통공사, ☐ 건축 토공사, ☐ 방수공사, ☐ 조경공사, ☐ 목공사, ☐ 지반조사, ☐ 지정공사, ☐ 특수 건축물공사, ☐ 기타( )
	☐ 기계설비	☐ 가설공사, ☐ 기계설비공사, ☐ 해체 및 철거공사, ☐ 기타( )
	☐ 전기설비	☐ 전기설비공사, ☐ 기타( )
	☐ 산업설비	☐ 가설공사, ☐ 산업설비공사, ☐ 해체 및 철거공사, ☐ 기타( )
	☐ 통신설비	☐ 통신설비공사, ☐ 기타( )
	☐ 토목	☐ 토공사 ☐ 지반조사, ☐ 해체 및 철거공사, ☐ 철근콘크리트공사, ☐ 관공사, ☐ 가설공사,

		☐ 도로 및 포장공사, ☐ 댐 및 제방공사, ☐ 항만공사, ☐ 말뚝공사, ☐ 철도 및 궤도공사, ☐ 교량공사, ☐ 관공사 부대공사, ☐ 터널공사, ☐ 하천공사, ☐ 강구조물공사, ☐ 지반개량공사, ☐ 프리캐스트 콘크리트공사, ☐ 기타( )
	☐ 기타	☐ 기타( )
법적의무사항 ※ 대상사업장인 경우 보고서 자료 확보	• 안전관리계획 수립 대상 여부(☐ 대상, ☐ 비대상) ※ 「시설물안전법」 제1종, 제2종시설물의 건설공사 등 • 설계안전성 검토 대상 여부(☐ 대상, ☐ 비대상) ※ 안전관리계획을 수립해야 하는 건설공사	
사고 주원인 유형	☐ 관리적요인, ☐ 시공적요인, ☐ 환경적요인, ☐ 설계적요인, ☐ 재료적요인	
사고원인(주원인)	("1. 사고 주원인 유형 : 건축 현장" 참조하여 기술)	
사고객체	☐ 가시설	☐ RCS발판, ☐ 가물막이, ☐ 가설계단, ☐ 가설도로, ☐ 강관동바리, ☐ 거푸집, ☐ 가시설, ☐ 낙하물방지망, ☐ 띠장, ☐ 버팀대, ☐ 버팀보, ☐ 복공판, ☐ 브라켓, ☐ 비계, ☐ 수평연결재, ☐ 시스템동바리, ☐ 안전시설물, ☐ 안전핀, ☐ 엄지말뚝, ☐ 작업발판, ☐ 잭서포트, ☐ 전도방지재, ☐ 지주가설재, ☐ 지지대, ☐ 지하벽체, ☐ 특수거푸집(갱폼 등), ☐ 흙막이가시설, ☐ 기타( )
	☐ 시설물	☐ 건물, ☐ 옹벽, ☐ 위험물저장탱크, ☐ 돌담, ☐ 담장, ☐ 기타( )
	☐ 건설자재	☐ 덕트, ☐ 데크플레이트, ☐ 레일, ☐ 볼트, ☐ 선라이트, ☐ 와이어로프, ☐ 자재, ☐ 창호, ☐ 천정패널, ☐ 철근, ☐ 철망, ☐ 체인블럭, ☐ 파이프서포트, ☐ 파형강판, ☐ 핀, ☐ 기타( )
	☐ 건설기계	☐ 고소작업차(고소작업대 등), ☐ 공기압축기, ☐ 굴착기, ☐ 기중기(이동식크레인 등), ☐ 덤프트럭, ☐ 로더, ☐ 롤러, ☐ 불도저, ☐ 아스팔트살포기, ☐ 어스오거, ☐ 준설선, ☐ 지게차, ☐ 천공기, ☐ 콘크리트믹서트럭, ☐ 콘크리트뱃칭플랜트, ☐ 콘크리트펌프, ☐ 콘크리트피니셔, ☐ 타워크레인,

		☐ 특수건설기계, ☐ 항타 및 항발기, ☐ 기타(　　　　)
	☐ 건설공구	☐ 공구류, ☐ 몰타혼합기, ☐ 사다리, ☐ 기타
	☐ 토사 및 암반	☐ 경사면, ☐ 부석, ☐ 절토사면, ☐ 굴착사면, ☐ 성토사면, ☐ 지반, ☐ 암사면, ☐ 터널 막장면, ☐ 벽돌, ☐ 기타(　　　　)
	☐ 부재	☐ PSC빔, ☐ 개구부, ☐ 거더, ☐ 교각 기초, ☐ 기성말뚝, ☐ 배관, ☐ 벽체, ☐ 슬래브, ☐ 슬레이트, ☐ 철골부재, ☐ 트러스, ☐ 기타(　　　　)
	☐ 질병	☐ 질병, ☐ 기타(　　　　)
	☐ 기타	☐ 지하매설물, ☐ 차량, ☐ 건설폐기물, ☐ 전주, ☐ 전선, ☐ 작업대차, ☐ 비산물, ☐ 유증기, ☐ 기타(　　　　)
인적피해	☐ 사망	• 성　　별(☐ 남(　명), ☐ 여(　명)) • 내외국인(☐ 내(　명), ☐ 외(　명)) • 총 사망자수(　명)
	☐ 부상	• 성　　별(☐ 남(　명), ☐ 여(　명)) • 내외국인(☐ 내(　명), ☐ 외(　명)) • 총 부상자수(　명)
인적사고종류	☐ 넘어짐	☐ 물체에 걸림, ☐ 미끄러짐, ☐ 기타(　　　　)
	☐ 떨어짐	☐ 2m 미만, ☐ 2~3m, ☐ 3~5m, ☐ 6~10m, ☐ 10m 이상
	☐ 감전	감전
	☐ 교통사고	교통사고
	☐ 깔림	깔림
	☐ 끼임	끼임
	☐ 물체에 맞음	물체에 맞음
	☐ 부딪힘	부딪힘
	☐ 절단, ☐ 베임	☐ 절단, ☐ 베임
	☐ 질병	질병
	☐ 찔림	찔림
	☐ 화상	화상

		☐ 기타	(주관식)
물적피해	구조물 손실		(주요내용 서술)
	장비손실		(주요내용 서술)
	피해금액		☐ 1,000만원 미만, ☐ 1,000~2,000만원, ☐ 2,000~5,000만원, ☐ 5,000만원~1억, ☐ 1~2억, ☐ 2~5억, ☐ 5억원 이상

공사정보

공사명	
현장주소	
지역	☐ 수도권, ☐ 강원권, ☐ 충청권, ☐ 호남권, ☐ 영남권 ☐ 제주권

시공사		책임자/연락처	
감리자		책임자/연락처	
설계자		책임자/연락처	
하도급		책임자/연락처	

인허가기관	
공사 규모	

공사 기간		공정률	

공사금액	☐ 1억 미만, ☐ 1~2억, ☐ 2~3억, ☐ 3~5억, ☐ 5~10억, ☐ 10~20억, ☐ 20~50억, ☐ 50~100억, ☐ 100~150억 ☐ 150~200억, ☐ 200~300억, ☐ 300~500억, ☐ 500~1,000억 ☐ 1,000억 이상
중대재해처벌법 적용 건설공사 여부	☐ 대상, ☐ 비대상 ※ 공사금액 50억원 이상 건설공사장

[붙임1] 건축 현장 – 사고 주원인 유형별 사고원인(주원인)

공종(대분류)	주원인 유형	사고원인(주원인)	
건축	관리적요인	<ul><li>거푸집 긴결재/앵커 위치</li><li>거푸집 긴결재/앵커 해체</li><li>거푸집 하단 미고정</li><li>고소작업대 설치 미흡</li><li>과하중 구조물등 그밖의 위험방치 및 미확인</li><li>구조안전성 미검토</li><li>기계적 결함</li><li>긴결 미흡</li><li>단차발생</li><li>동결융해</li><li>동절기 콘크리트 타설</li><li>무모한 또는 불필요한 행위 및 동작</li><li>방호시설 미설치</li><li>버팀대 미설치</li><li>버팀목 설치 미흡</li><li>복장, 개인보호구의 부적절한 사용</li><li>부석 미제거</li><li>부재의 체결강도 미흡</li><li>부적정한 이음방법 부주의</li><li>불안전한 작업자세</li><li>붐연결핀 파단</li><li>브레이크 파열</li><li>상재하중</li><li>설비,기계 등의 부적절한 사용관리</li><li>소음진동</li><li>수직도 미확보</li><li>시공하중</li><li>유도자 미배치</li></ul>	<ul><li>자재불량에 의한 파손</li><li>작업공간협소 작업순서미흡</li><li>작업자의 단순과실</li><li>작업전부석, 균열, 함수 등 변화점검 미흡</li><li>작업중 충돌</li><li>장애물 충돌</li><li>적재방법 불량</li><li>적재하중전도 예방조치 미흡</li><li>조립불량</li><li>조작미숙</li><li>주용도외 사용</li><li>중량물 운반</li><li>중량물 취급 미흡</li><li>지반붕괴</li><li>지반상태 불량</li><li>지장물조치 미흡</li><li>지지대 미설치</li><li>지지부재 이탈</li><li>지지부재 파단</li><li>지지용 로프 풀림</li><li>철거 잔재물 적치</li><li>철근 전도방지 미조치</li><li>철근배근미흡 침하</li><li>콘크리트 유동화</li><li>크레인 와이어</li><li>크레인 줄걸이 해체방법 부적정</li><li>흙막이 가시설 설치미흡</li><li>기타</li></ul>
	설계적요인	<ul><li>부주의</li><li>거푸집 긴결재</li><li>앵커 해체 탈락</li><li>작업자 하중 가물막이 단부 붕괴</li></ul>	<ul><li>인양방법 불량</li><li>전단변형 미고려</li><li>방호시설 미설치</li><li>지지구조물 설치 미흡</li><li>기타</li></ul>
	시공적요인	<ul><li>가새 미설치</li><li>가새 설치 미흡</li><li>거푸집 긴결재/앵커 위치</li><li>거푸집 긴결재/앵커 해체</li><li>거푸집 수직도 미확보</li><li>거푸집 하단 미고정</li><li>거푸집의 수직도 및 레벨</li><li>결속벤딩 해체</li><li>고소작업대 설치 미흡</li></ul>	<ul><li>이동식비계 조정</li><li>인양로프 해체방법 미흡</li><li>인양방법 불량</li><li>임의설계 변경</li><li>작업공간 협소</li><li>작업발판 고정 철선 절단</li><li>작업순서 미흡</li><li>작업신호 불량</li><li>작업자 하중</li></ul>

공종(대분류)	주원인 유형	사고원인(주원인)	
		• 구조물등 그밖의 위험방치 및 미확인 • 구조안전성 미검토 • 구조조립상태 불량 • 긴결 미흡 • 로프 강도 불충분 • 로프 매듭풀림 • 무모한 또는 불필요한 행위 및 동작 • 방호시설 미설치 • 버팀대 설치 미흡 • 버팀목 설치 미흡 • 벽이음 일부 해체 • 복장, 개인보호구의 부적절한 사용 • 부석 미제거 • 부재의 체결강도 미흡 • 부주의 분할시공 • 불안전한 작업자세 • 설비, 기계 등의 부적절한 사용관리 설치미흡 • 설치방법 불량 • 소음진동 • 시공계획서 미작성 • 시공순서 불량 • 아웃트리거 설치 미흡 • 연결부 파손 • 와이어로프 이탈 • 와이어로프 파단 • 용접부 탈락	• 작업자의 단순과실 • 작업중 이동 • 작업중 충돌 • 작업하중 • 장비운용 미흡 • 장애물 충돌 • 적재방법 불량 • 전도 예방조치 미흡 • 절단방향 판단 오류 • 절취면 기울기 • 조립불량 • 조작미숙 • 주용도외 사용 • 중량물운반 • 중량물취급 미흡 • 지장물조치 미흡 • 지지구조물 설치 미흡 • 지지대 미설치 • 집중하중 • 철근 과적재 • 철근 전도방지 미조치 • 철근결속 미흡 • 철근배근 미흡 • 콘크리트 유동화 • 타설미흡(하중, 속도, 순서 등) • 탈락하중의 지지상태 미흡 • 해체방법 부적정 • 흙막이 가시설설치 미흡 • 기타
	재료적요인	• 볼트 결함 부주의 • 와이어로프 파단 • 자재불량에 의한 파손 • 작업자의 단순과실	• 지지대 연결부 파손 • 지지부재 파단 파손 • 기타
	환경적요인	• 작업자의 단순과실 • 불안전한 작업자세 • 돌풍 • 집중호우 • 복장, 개인보호구의 부적절한 사용 • 중량물 운반 부주의	• 사면활동 • 외력 • 히빙 • 전도 예방조치 미흡 • 작업순서 미흡 • 기타
기계설비	관리적요인	• 구조물 등 그밖의 위험방치 및 미확인 • 긴결 미흡 • 무모한 또는 불필요한 행위 및 동작 부주의	• 용접불량 • 작업자의단순과실 • 작업중 충돌 • 전도 예방조치 미흡 • 기타

공종(대분류)	주원인 유형	사고원인(주원인)	
	설계적요인	• 불안전한 작업자세 • 부주의	•
	시공적요인	• 굴착면 기울기 • 무모한 또는 불필요한 행위 및 동작 • 배관 탈락 • 복장, 개인보호구의 부적절한 사용 부주의 • 불안전한 작업자세	• 설비, 기계 등의 부적절한 사용 관리 • 작업순서 미흡 • 작업자의 단순과실 • 조작 미숙 탈락 • 기타
	재료적요인	• 구조물 등 그밖의 위험방치 및 미확인	• 작업자의 단순과실 • 기타
	환경적요인	• 작업신호 불량 • 작업자의 단순과실	• 기타
산업설비	관리적요인	• 설비, 기계 등의 부적절한 사용 관리 • 작업자의 단순과실	• 지장물 조치 미흡 • 기타
	시공적요인	• 부주의 • 불안전한 작업자세 • 설치 미흡 • 설치방법 불량	• 작업순서 미흡 • 작업자의 단순과실 • 기타
	환경적요인	• 작업자의 단순과실	•
전기설비	관리적요인	• 부주의 • 불안전한 작업자세 • 설비, 기계 등의 부적절한 사용 관리	• 수평보강 및 지지 미흡 • 작업순서 미흡 • 작업자의 단순과실 • 조작 미숙
	설계적요인	• 기타	•
	시공적요인	• 복장, 개인보호구의 부적절한 사용 부주의 • 설치 미흡	• 작업자의 단순과실 • 기타
	재료적요인	• 작업자의 단순과실	• 지지대 연결부 파손
	환경적요인	• 작업자의 단순과실	• 기타
토목	관리적요인	• 구조물 등 그밖의 위험방치 및 미확인 • 기계적 결함 • 긴결 미흡 • 방호시설 미설치 • 복장, 개인보호구의 부적절한 사용 • 부주의 • 부착토 미제거 • 불안전한 작업자세	• 소음진동 • 작업신호 불량 • 작업자의 단순과실 • 작업중 충돌 • 장애물 충돌 • 중량물 운반 • 중량물 취급 미흡 • 지반상태 불량 • 집중호우
	설계적요인	• 부주의 • 설계시 작업하중과 장비하중의 실중량 미고려 • 토압	• 흙막이 가시설 설치미흡 • 히빙 • 기타
	시공적요인	• 무모한 또는 불필요한 행위 및 동작	• 작업자의 단순과실 • 작업중 충돌

공종(대분류)	주원인 유형	사고원인(주원인)	
		• 부주의 • 시공순서 불량 • 와이어로프 이탈 • 작업순서 미흡 • 작업신호 불량	• 전도 예방조치 미흡 • 조작 미숙 • 지반 함수량 증가 • 기타
	재료적요인	• 자재불량에 의한 파손 • 작업자의 단순과실	• 기타
	환경적요인	• 돌풍 • 작업자의 단순과실	• 기타
기타	관리적요인	• 구조물 등 그밖의 위험방치 및 미확인 • 무모한 또는 불필요한 행위 및 동작 • 부주의 • 불안전한 작업자세	• 설비, 기계 등의 부적절한 사용 관리 • 작업자의 단순과실 • 작업중 충돌 • 기타
	설계적요인	• 부주의	•
	시공적요인	• 부주의 • 작업순서 미흡 • 작업자의 단순과실	• 작업중 이동 • 지지부재 이탈 • 기타
	재료적요인	• 기타	•
	환경적요인	• 인양방법 불량 • 작업자의 단순과실	• 집중호우 • 기타

건설사고 초기현장조사 체크리스트(안) : 토목 현장

기본현황

작성일시	
작성자	
사고명	
사고일시	
사고장소	
사고경위	(주관식으로 서술)
기상상태	☐ 맑음 ☐ 강설 ☐ 강우 ☐ 강풍 ☐ 안개 ☐ 흐림

사고정보

사고 원인		(주요내용 서술)
시설물 분류		☐ 도로, ☐ 철도, ☐ 터널, ☐ 댐, ☐ 상하수도 ☐ 옹벽 및 절토사면, ☐ 하천, ☐ 항만, ☐ 공동구 ☐ 기타(간척매립, 부지조성)
공종	☐ 건축	☐ 철근콘크리트공사, ☐ 조적공사, ☐ 수장공사, ☐ 건축물 부대공사, ☐ 타일 및 돌공사, ☐ 해체 및 철거공사, ☐ 미장공사, ☐ 가설공사, ☐ 도장공사, ☐ 철골공사, ☐ 금속공사, ☐ 창호 및 유리공사, ☐ 지붕 및 홈통공사, ☐ 건축 토공사, ☐ 방수공사, ☐ 조경공사, ☐ 목공사, ☐ 지반조사, ☐ 지정공사, ☐ 특수 건축물공사, ☐ 기타( )
	☐ 기계설비	☐ 가설공사, ☐ 기계설비공사, ☐ 해체 및 철거공사, ☐ 기타( )
	☐ 전기설비	☐ 전기설비공사, ☐ 기타( )
	☐ 산업설비	☐ 가설공사, ☐ 산업설비공사, ☐ 해체 및 철거공사, ☐ 기타(
	☐ 통신설비	☐ 통신설비공사, ☐ 기타( )
	☐ 토목	☐ 토공사 ☐ 지반조사, ☐ 해체 및 철거공사,

		☐ 철근콘크리트공사, ☐ 관공사, ☐ 가설공사, ☐ 도로 및 포장공사, ☐ 댐 및 제방공사, ☐ 항만공사, ☐ 말뚝공사, ☐ 철도 및 궤도공사, ☐ 교량공사, ☐ 관공사 부대공사, ☐ 터널공사, ☐ 하천공사, ☐ 강구조물공사, ☐ 지반개량공사, ☐ 프리캐스트 콘크리트공사, ☐ 기타( )
	☐ 기타	☐ 기타( )

법적의무사항
※ 대상사업장인 경우 보고서 자료 확보
	• 안전관리계획 수립 대상 여부(☐ 대상, ☐ 비대상)
	  ※ 「시설물안전법」 제1종, 제2종시설물의 건설공사 등
	• 설계안전성 검토 대상 여부(☐ 대상, ☐ 비대상)
	  ※ 안전관리계획을 수립해야 하는 건설공사	

사고 주원인 유형	☐ 관리적요인, ☐ 시공적요인, ☐ 환경적요인, ☐ 설계적요인, ☐ 재료적요인	
사고원인(주원인)	("2. 사고 주원인 유형 : 토목 현장" 참조하여 기술)	
사고객체	☐ 가시설	☐ RCS발판, ☐ 가물막이, ☐ 가설계단, ☐ 가설도로, ☐ 강관동바리, ☐ 거푸집, ☐ 가시설, ☐ 낙하물방지망, ☐ 띠장, ☐ 버팀대, ☐ 버팀보, ☐ 복공판, ☐ 브라켓, ☐ 비계, ☐ 수평연결재, ☐ 시스템동바리, ☐ 안전시설물, ☐ 안전핀, ☐ 엄지말뚝, ☐ 작업발판, ☐ 잭서포트, ☐ 전도방지재, ☐ 지주가설재, ☐ 지지대, ☐ 지하벽체, ☐ 특수거푸집(갱폼 등), ☐ 흙막이가시설, ☐ 기타( )
	☐ 시설물	☐ 건물, ☐ 옹벽, ☐ 위험물저장탱크, ☐ 돌담, ☐ 담장, ☐ 기타( )
	☐ 건설자재	☐ 덕트, ☐ 데크플레이트, ☐ 레일, ☐ 볼트, ☐ 선라이트, ☐ 와이어로프, ☐ 자재, ☐ 창호, ☐ 천정패널, ☐ 철근, ☐ 철망, ☐ 체인블럭, ☐ 파이프서포트, ☐ 파형강판, ☐ 핀, ☐ 기타( )
	☐ 건설기계	☐ 고소작업차(고소작업대 등), ☐ 공기압축기, ☐ 굴착기, ☐ 기중기(이동식크레인 등), ☐ 덤프트럭, ☐ 로더, ☐ 롤러, ☐ 불도저, ☐ 아스팔트살포기, ☐ 어스오거, ☐ 준설선, ☐ 지게차, ☐ 천공기, ☐ 콘크리트믹서트럭, ☐ 콘크리트뱃칭플랜트, ☐ 콘크리트펌프, ☐ 콘크리트피니셔, ☐ 타워크레인,

		☐ 특수건설기계, ☐ 항타 및 항발기, ☐ 기타( )
	☐ 건설공구	☐ 공구류, ☐ 몰타혼합기, ☐ 사다리, ☐ 기타
	☐ 토사 및 암반	☐ 경사면, ☐ 부석, ☐ 절토사면, ☐ 굴착사면, ☐ 성토사면, ☐ 지반, ☐ 암사면, ☐ 터널 막장면, ☐ 벽돌, ☐ 기타( )
	☐ 부재	☐ PSC빔, ☐ 개구부, ☐ 거더, ☐ 교각 기초, ☐ 기성말뚝, ☐ 배관, ☐ 벽체, ☐ 슬래브, ☐ 슬레이트, ☐ 철골부재, ☐ 트러스, ☐ 기타( )
	☐ 질병	☐ 질병, ☐ 기타( )
	☐ 기타	☐ 지하매설물, ☐ 차량, ☐ 건설폐기물, ☐ 전주, ☐ 전선, ☐ 작업대차, ☐ 비산물, ☐ 유증기, ☐ 기타( )
인적피해	☐ 사망	• 성 별(☐ 남(명), ☐ 여(명)) • 내외국인(☐ 내(명), ☐ 외(명)) • 총 사망자수(명)
	☐ 부상	• 성 별(☐ 남(명), ☐ 여(명)) • 내외국인(☐ 내(명), ☐ 외(명)) • 총 부상자수(명)
인적사고종류	☐ 넘어짐	☐ 물체에 걸림, ☐ 미끄러짐, ☐ 기타( )
	☐ 떨어짐	☐ 2m 미만, ☐ 2~3m, ☐ 3~5m, ☐ 6~10m, ☐ 10m 이상
	☐ 감전	감전
	☐ 교통사고	교통사고
	☐ 깔림	깔림
	☐ 끼임	끼임
	☐ 물체에 맞음	물체에 맞음
	☐ 부딪힘	부딪힘
	☐ 절단, ☐ 베임	☐ 절단, ☐ 베임
	☐ 질병	질병
	☐ 찔림	찔림
	☐ 화상	화상

		☐ 기타	(주관식)	
물적피해	구조물 손실		(주요내용 서술)	
	장비손실		(주요내용 서술)	
	피해금액		☐ 1,000만원 미만, ☐ 1,000~2,000만원, ☐ 2,000~5,000만원, ☐ 5,000만원~1억, ☐ 1~2억, ☐ 2~5억, ☐ 5억원 이상	
	공사정보				

공사명	
현장주소	
지역	☐ 수도권, ☐ 강원권, ☐ 충청권, ☐ 호남권, ☐ 영남권, ☐ 제주권

시공사		책임자/연락처	
감리자		책임자/연락처	
설계자		책임자/연락처	
하도급		책임자/연락처	

인허가기관	
공사 규모	

공사 기간		공정률	

공사금액	☐ 1억 미만, ☐ 1~2억, ☐ 2~3억, ☐ 3~5억, ☐ 5~10억, ☐ 10~20억, ☐ 20~50억, ☐ 50~100억, ☐ 100~150억 ☐ 150~200억, ☐ 200~300억, ☐ 300~500억, ☐ 500~1,000억 ☐ 1,000억 이상
중대재해처벌법 적용 건설공사 여부	☐ 대상, ☐ 비대상 ※ 공사금액 50억원 이상 건설공사장

[붙임2] 토목 현장 – 사고 주원인 유형별 사고원인(주원인)

공종(대분류)	주원인 유형	사고원인(주원인)	
건축	관리적요인	• 부주의	• 작업자의 단순과실
	설계적요인	• 부주의	•
	시공적요인	• 무모한 또는 불필요한 행위 및 동작	• 부주의 • 작업자의 단순과실
	환경적요인	• 작업자의 단순과실	• 사면활동
기계설비	관리적요인	• 설비, 기계 등의 부적절한 사용 관리	• 적재방법 불량 • 기타
	시공적요인	• 무모한 또는 불필요한 행위 및 동작 • 작업신호 불량	• 작업자의 단순과실 • 중량물 운반
	환경적요인	• 기타	•
전기설비	관리적요인	• 무모한 또는 불필요한 행위 및 동작	• 작업자의 단순과실
	시공적요인	• 버팀목 설치 미흡	• 작업 공간 협소
	환경적요인	• 작업자의 단순과실	•
토목	관리적요인	• 가새 설치 미흡 • 거푸집 긴결재/앵커 위치 • 거푸집 긴결재/앵커 해체 • 거푸집 하단 미고정 • 경사각 미준수 • 과다한 굴착 • 과도한 변형 • 과속주행 • 구조물등 그밖의 위험방치 및 미확인 • 굴착면 기울기 • 기계적 결함 • 단차발생 • 무모한 또는 불필요한 행위 및 동작 • 방호시설 미설치 • 버팀목 설치 미흡 • 복장, 개인보호구의 부적절한 사용 • 부석제거 미흡 • 부주의 • 불안전한 작업자세 • 설비, 기계등의 부적절한 사용 관리	• 소음진동 • 용접부 탈락 • 용접불량 • 유도자 미배치 • 인화성 유증기 잔류 • 작업 공간 협소 • 작업순서 미흡 • 작업자의 단순과실 • 작업전 부석, 균열, 함수 등 변화 점검 미흡 • 작업중 충돌 • 적재방법 불량 • 전도 예방조치 미흡 • 조작 미숙 • 중량물 운반 • 중량물 취급 미흡 • 지반상태 불량 • 지지부재 이탈 • 지지부재 파단 • 철근 전도방지 미조치 • 크레인줄걸이 파손 • 풍화암층 파쇄대 • 기타

공종(대분류)	주원인 유형	사고원인(주원인)	
	설계적요인	<ul><li>과하중</li><li>단층파쇄대</li><li>부주의</li><li>인양로프 해체방법 미흡</li><li>작업자의 단순과실</li></ul>	<ul><li>지반상태 불량</li><li>파손</li><li>하중의 지지상태 미흡</li><li>기타</li></ul>
	시공적요인	<ul><li>강도 발휘전 해체</li><li>거푸집 하단 미고정</li><li>결속벤딩 해체</li><li>경사각 미준수</li><li>고소작업대 설치 미흡</li><li>과다한 굴착</li><li>구조물등 그밖의 위험방치 및 미확인</li><li>구조조립상태 불량</li><li>굴착면 기울기</li><li>궤도차량 충돌</li><li>로프 매듭풀림</li><li>무모한 또는 불필요한 행위 및 동작</li><li>버팀대 설치 미흡</li><li>복장, 개인보호구의 부적절한 사용</li><li>부석제거 미흡</li><li>부주의</li><li>부착토 미제거</li><li>불안전한 작업자세</li><li>사면활동</li><li>설비,기계등의 부적절한 사용 관리</li><li>설치 미흡</li><li>소음진동</li><li>시공계획서 및 시공상세도 미준수</li><li>연결부 파손</li><li>와이어로프 이탈</li><li>와이어로프 파단</li></ul>	<ul><li>용접부위 파단</li><li>인양방법 불량</li><li>작업 공간 협소</li><li>작업발판 고정 철선 절단</li><li>작업순서 미흡</li><li>작업신호 불량</li><li>작업자 하중</li><li>작업자의 단순과실</li><li>작업중 이동</li><li>작업중 충돌</li><li>장비운용 미흡</li><li>장애물 충돌</li><li>적재방법 불량</li><li>전도 예방조치 미흡</li><li>절단방향 판단 오류</li><li>조작 미숙</li><li>주용도외 사용</li><li>중량물 설치방법 미흡</li><li>중량물 운반</li><li>중량물 취급 미흡</li><li>지반상태 불량</li><li>지장물 조치 미흡</li><li>지하수 유입</li><li>철근결속 미흡</li><li>추진방향 판단 미흡</li><li>충격하중</li><li>토사유실</li><li>토사층 파손</li><li>풍화암층</li><li>해체방법 부적정</li></ul>

공종(대분류)	주원인 유형	사고원인(주원인)	
	재료적요인	• 강성 부족 • 볼트 결함 • 사면활동 • 유압잭 결함 • 자재불량에 의한 파손	• 작업자의 단순과실 • 재사용 • 파손 • 기타
	환경적요인	• 돌풍 • 부주의 • 불안전한 작업자세 • 사면활동 • 외력	• 작업자의 단순과실 • 조작 미숙 • 지하수 유입 • 집중호우 • 기타
기타	관리적요인	• 무모한 또는 불필요한 행위 및 동작 • 복장, 개인보호구의 부적절한 사용	• 부주의 • 작업자의 단순과실 • 기타
	시공적요인	• 작업자의 단순과실	• 기타
	재료적요인	• 기타	•
	환경적요인	• 작업자의 단순과실	• 기타

건설사고 초기현장조사 체크리스트(안) : 산업환경설비 현장

기본현황

작성일시	
작성자	
사고명	
사고일시	
사고장소	
사고경위	(주관식으로 서술)
기상상태	☐ 맑음 ☐ 강설 ☐ 강우 ☐ 강풍 ☐ 안개 ☐ 흐림

사고정보

사고 원인		(주요내용 서술)
시설물 분류		☐ 환경시설, ☐ 산업생산시설, ☐ 발전시설
공종	☐ 건축	☐ 철근콘크리트공사, ☐ 조적공사, ☐ 수장공사, ☐ 건축물 부대공사, ☐ 타일 및 돌공사, ☐ 해체 및 철거공사, ☐ 미장공사, ☐ 가설공사, ☐ 도장공사, ☐ 철골공사, ☐ 금속공사, ☐ 창호 및 유리공사, ☐ 지붕 및 홈통공사, ☐ 건축 토공사, ☐ 방수공사, ☐ 조경공사, ☐ 목공사, ☐ 지반조사, ☐ 지정공사, ☐ 특수 건축물공사, ☐ 기타( )
	☐ 기계설비	☐ 가설공사, ☐ 기계설비공사, ☐ 해체 및 철거공사, ☐ 기타( )
	☐ 전기설비	☐ 전기설비공사, ☐ 기타( )
	☐ 산업설비	☐ 가설공사, ☐ 산업설비공사, ☐ 해체 및 철거공사, ☐ 기타( )
	☐ 통신설비	☐ 통신설비공사, ☐ 기타( )
	☐ 토목	☐ 토공사 ☐ 지반조사, ☐ 해체 및 철거공사, ☐ 철근콘크리트공사, ☐ 관공사, ☐ 가설공사,

		☐ 도로 및 포장공사, ☐ 댐 및 제방공사, ☐ 항만공사, ☐ 말뚝공사, ☐ 철도 및 궤도공사, ☐ 교량공사, ☐ 관공사 부대공사, ☐ 터널공사, ☐ 하천공사, ☐ 강구조물공사, ☐ 지반개량공사, ☐ 프리캐스트 콘크리트공사, ☐ 기타(　　　　)
	☐ 기타	☐ 기타(　　　　　)
법적의무사항 ※ 대상사업장인 경우 보고서 자료 확보	• 안전관리계획 수립 대상 여부(☐ 대상, ☐ 비대상) 　※ 「시설물안전법」 제1종, 제2종시설물의 건설공사 등 • 설계안전성 검토 대상 여부(☐ 대상, ☐ 비대상) 　※ 안전관리계획을 수립해야 하는 건설공사	
사고 주원인 유형	☐ 관리적요인, ☐ 시공적요인, ☐ 환경적요인, ☐ 설계적요인, ☐ 재료적요인	
사고원인(주원인)	("3. 사고 주원인 유형 : 산업환경설비 현장" 참조하여 기술)	
사고객체	☐ 가시설	☐ RCS발판, ☐ 가물막이, ☐ 가설계단, ☐ 가설도로, ☐ 강관동바리, ☐ 거푸집, ☐ 가시설, ☐ 낙하물방지망, ☐ 띠장, ☐ 버팀대, ☐ 버팀보, ☐ 복공판, ☐ 브라켓, ☐ 비계, ☐ 수평연결재, ☐ 시스템동바리, ☐ 안전시설물, ☐ 안전핀, ☐ 엄지말뚝, ☐ 작업발판, ☐ 잭서포트, ☐ 전도방지재, ☐ 지주가설재, ☐ 지지대, ☐ 지하벽체, ☐ 특수거푸집(갱폼 등), ☐ 흙막이가시설, ☐ 기타(　　　　　)
	☐ 시설물	☐ 건물, ☐ 옹벽, ☐ 위험물저장탱크, ☐ 돌담, ☐ 담장, ☐ 기타(　　　　　)
	☐ 건설자재	☐ 덕트, ☐ 데크플레이트, ☐ 레일, ☐ 볼트, ☐ 선라이트, ☐ 와이어로프, ☐ 자재, ☐ 창호, ☐ 천정패널, ☐ 철근, ☐ 철망, ☐ 체인블럭, ☐ 파이프서포트, ☐ 파형강판, ☐ 핀, ☐ 기타(　　　　　)
	☐ 건설기계	☐ 고소작업차(고소작업대 등), ☐ 공기압축기, ☐ 굴착기, ☐ 기중기(이동식크레인 등), ☐ 덤프트럭, ☐ 로더, ☐ 롤러, ☐ 불도저, ☐ 아스팔트살포기, ☐ 어스오거, ☐ 준설선, ☐ 지게차, ☐ 천공기, ☐ 콘크리트믹서트럭, ☐ 콘크리트뱃칭플랜트, ☐ 콘크리트펌프, ☐ 콘크리트피니셔, ☐ 타워크레인, ☐ 특수건설기계, ☐ 항타 및 항발기, ☐ 기타(　　　　　)

	☐ 건설공구	☐ 공구류, ☐ 몰타혼합기, ☐ 사다리, ☐ 기타
	☐ 토사 및 암반	☐ 경사면, ☐ 부석, ☐ 절토사면, ☐ 굴착사면, ☐ 성토사면, ☐ 지반, ☐ 암사면, ☐ 터널 막장면, ☐ 벽돌, ☐ 기타( )
	☐ 부재	☐ PSC빔, ☐ 개구부, ☐ 거더, ☐ 교각 기초, ☐ 기성말뚝, ☐ 배관, ☐ 벽체, ☐ 슬래브, ☐ 슬레이트, ☐ 철골부재, ☐ 트러스, ☐ 기타( )
	☐ 질병	☐ 질병, ☐ 기타( )
	☐ 기타	☐ 지하매설물, ☐ 차량, ☐ 건설폐기물, ☐ 전주, ☐ 전선, ☐ 작업대차, ☐ 비산물, ☐ 유증기, ☐ 기타( )
인적피해	☐ 사망	• 성 별(☐ 남(명), ☐ 여(명)) • 내외국인(☐ 내(명), ☐ 외(명)) • 총 사망자수(명)
	☐ 부상	• 성 별(☐ 남(명), ☐ 여(명)) • 내외국인(☐ 내(명), ☐ 외(명)) • 총 부상자수(명)
인적사고종류	☐ 넘어짐	☐ 물체에 걸림, ☐ 미끄러짐, ☐ 기타( )
	☐ 떨어짐	☐ 2m 미만, ☐ 2~3m, ☐ 3~5m, ☐ 6~10m, ☐ 10m 이상
	☐ 감전	감전
	☐ 교통사고	교통사고
	☐ 깔림	깔림
	☐ 끼임	끼임
	☐ 물체에 맞음	물체에 맞음
	☐ 부딪힘	부딪힘
	☐ 절단, ☐ 베임	☐ 절단, ☐ 베임
	☐ 질병	질병
	☐ 찔림	찔림
	☐ 화상	화상

		☐ 기타	(주관식)
물적피해	구조물 손실	(주요내용 서술)	
	장비손실	(주요내용 서술)	
	피해금액	☐ 1,000만원 미만, ☐ 1,000~2,000만원, ☐ 2,000~5,000만원, ☐ 5,000만원~1억, ☐ 1~2억, ☐ 2~5억, ☐ 5억원 이상	

공사정보

공사명			
현장주소			
지역	☐ 수도권, ☐ 강원권, ☐ 충청권, ☐ 호남권, ☐ 영남권, ☐ 제주권		
시공사		책임자/연락처	
감리자		책임자/연락처	
설계자		책임자/연락처	
하도급		책임자/연락처	
인허가기관			
공사 규모			
공사 기간		공정률	
공사금액	☐ 1억 미만, ☐ 1~2억, ☐ 2~3억, ☐ 3~5억, ☐ 5~10억, ☐ 10~20억, ☐ 20~50억, ☐ 50~100억, ☐ 100~150억 ☐ 150~200억, ☐ 200~300억, ☐ 300~500억, ☐ 500~1,000억 ☐ 1,000억 이상		
중대재해처벌법 적용 건설공사 여부	☐ 대상, ☐ 비대상 ※ 공사금액 50억원 이상 건설공사장		

[붙임3] 산업환경설비 현장 - 사고 주원인 유형별 사고원인(주원인)

공종(대분류)	주원인 유형	사고원인(주원인)	
건축	관리적요인	• 무모한 또는 불필요한 행위 및 동작 • 설비,기계등의 부적절한 사용 관리	• 작업자의 단순과실 • 하중의 지지상태 미흡
	설계적요인	• 기타	•
	시공적요인	• 복장, 개인보호구의 부적절한 사용 부주의 • 불안전한 작업자세	• 작업자의 단순과실 • 작업하중
	재료적요인	• 작업자의 단순과실	•
	환경적요인	• 작업자의 단순과실 • 사면활동	• 기타
기계설비	관리적요인	• 구조물 등 그밖의 위험방치 및 미확인 • 부주의 • 불안전한 작업자세	• 작업자의 단순과실 • 작업중 충돌 • 전도 예방조치 미흡 • 기타
	설계적요인	• 해체방법 부적정	•
	시공적요인	• 부주의 • 설치 미흡 • 설치방법 불량	• 작업자의 단순과실 • 중량물 취급 미흡
	환경적요인	• 작업자의 단순과실	•
산업설비	관리적요인	• 구조물 등 그밖의 위험방치 및 미확인 • 긴결 미흡 • 무모한 또는 불필요한 행위 및 동작 • 방호시설 미설치 • 부주의	• 불안전한 작업자세 • 설비,기계등의 부적절한 사용 관리 • 작업자의 단순과실 • 해체방법 부적정 • 기타
	설계적요인	• 기타	•
	시공적요인	• 결속벤딩 해체 • 무모한 또는 불필요한 행위 및 동작 • 부주의 • 불안전한 작업자세	• 설치 미흡 • 작업자의 단순과실 • 전도 예방조치 미흡 • 중량물 운반 • 기타
	환경적요인	• 돌풍 • 작업자의 단순과실	• 기타
전기설비	관리적요인	• 부주의	•
	시공적요인	• 작업자의 단순과실	• 기타

공종(대분류)	주원인 유형	사고원인(주원인)	
토목	환경적요인	• 작업자의 단순과실	•
	관리적요인	• 구조물 등 그밖의 위험방치 및 미확인 • 무모한 또는 불필요한 행위 및 동작 • 버팀목 미설치 • 부주의	• 불안전한 작업자세 • 작업자의 단순과실 • 조작 미숙 • 해체방법 부적정 • 기타
	시공적요인	• 굴착면 기울기 • 부주의 • 작업자의 단순과실	• 조작 미숙 • 철근결속미흡
	환경적요인	• 작업자의 단순과실	• 기타

건설사고 초기현장조사 체크리스트(안) : 조경 현장

기본현황

작성일시	
작성자	
사고명	
사고일시	
사고장소	
사고경위	(주관식으로 서술)
기상상태	☐ 맑음 ☐ 강설 ☐ 강우 ☐ 강풍 ☐ 안개 ☐ 흐림

사고정보

사고 원인		(주요내용 서술)
시설물 분류		☐ 공원, ☐ 생태공원, ☐ 숲, ☐ 정원, ☐ 기타
공종	☐ 건축	☐ 철근콘크리트공사, ☐ 조적공사, ☐ 수장공사, ☐ 건축물 부대공사, ☐ 타일 및 돌공사, ☐ 해체 및 철거공사, ☐ 미장공사, ☐ 가설공사, ☐ 도장공사, ☐ 철골공사, ☐ 금속공사, ☐ 창호 및 유리공사, ☐ 지붕 및 홈통공사, ☐ 건축 토공사, ☐ 방수공사, ☐ 조경공사, ☐ 목공사, ☐ 지반조사, ☐ 지정공사, ☐ 특수 건축물공사, ☐ 기타( )
	☐ 기계설비	☐ 가설공사, ☐ 기계설비공사, ☐ 해체 및 철거공사, ☐ 기타( )
	☐ 전기설비	☐ 전기설비공사, ☐ 기타( )
	☐ 산업설비	☐ 가설공사, ☐ 산업설비공사, ☐ 해체 및 철거공사, ☐ 기타( )
	☐ 통신설비	☐ 통신설비공사, ☐ 기타( )
	☐ 토목	☐ 토공사 ☐ 지반조사, ☐ 해체 및 철거공사, ☐ 철근콘크리트공사, ☐ 관공사, ☐ 가설공사,

		☐ 도로 및 포장공사, ☐ 댐 및 제방공사, ☐ 항만공사, ☐ 말뚝공사, ☐ 철도 및 궤도공사, ☐ 교량공사, ☐ 관공사 부대공사, ☐ 터널공사, ☐ 하천공사, ☐ 강구조물공사, ☐ 지반개량공사, ☐ 프리캐스트 콘크리트공사, ☐ 기타(　　　　)
	☐ 기타	☐ 기타(　　　　　)
법적의무사항 ※ 대상사업장인 경우 보고서 자료 확보	• 안전관리계획 수립 대상 여부(☐ 대상, ☐ 비대상) 　※ 「시설물안전법」 제1종, 제2종시설물의 건설공사 등 • 설계안전성 검토 대상 여부(☐ 대상, ☐ 비대상) 　※ 안전관리계획을 수립해야 하는 건설공사	
사고 주원인 유형	☐ 관리적요인, ☐ 시공적요인, ☐ 환경적요인, ☐ 설계적요인, ☐ 재료적요인	
사고원인(주원인)	("4. 사고 주원인 유형 : 조경 현장" 참조하여 기술)	
사고객체	☐ 가시설	☐ RCS발판, ☐ 가물막이, ☐ 가설계단, ☐ 가설도로, ☐ 강관동바리, ☐ 거푸집, ☐ 가시설, ☐ 낙하물방지망, ☐ 띠장, ☐ 버팀대, ☐ 버팀보, ☐ 복공판, ☐ 브라켓, ☐ 비계, ☐ 수평연결재, ☐ 시스템동바리, ☐ 안전시설물, ☐ 안전핀, ☐ 엄지말뚝, ☐ 작업발판, ☐ 잭서포트, ☐ 전도방지재, ☐ 지주가설재, ☐ 지지대, ☐ 지하벽체, ☐ 특수거푸집(갱폼 등), ☐ 흙막이가시설, ☐ 기타(　　　　　)
	☐ 시설물	☐ 건물, ☐ 옹벽, ☐ 위험물저장탱크, ☐ 돌담, ☐ 담장, ☐ 기타(　　　　　)
	☐ 건설자재	☐ 덕트, ☐ 데크플레이트, ☐ 레일, ☐ 볼트, ☐ 선라이트, ☐ 와이어로프, ☐ 자재, ☐ 창호, ☐ 천정패널, ☐ 철근, ☐ 철망, ☐ 체인블럭, ☐ 파이프서포트, ☐ 파형강판, ☐ 핀, ☐ 기타(　　　　　)
	☐ 건설기계	☐ 고소작업차(고소작업대 등), ☐ 공기압축기, ☐ 굴착기, ☐ 기중기(이동식크레인 등), ☐ 덤프트럭, ☐ 로더, ☐ 롤러, ☐ 불도저, ☐ 아스팔트살포기, ☐ 어스오거, ☐ 준설선, ☐ 지게차, ☐ 천공기, ☐ 콘크리트믹서트럭, ☐ 콘크리트뱃칭플랜트, ☐ 콘크리트펌프, ☐ 콘크리트피니셔, ☐ 타워크레인, ☐ 특수건설기계, ☐ 항타 및 항발기, ☐ 기타(　　　　　)

	☐ 건설공구	☐ 공구류, ☐ 몰타혼합기, ☐ 사다리, ☐ 기타
	☐ 토사 및 암반	☐ 경사면, ☐ 부석, ☐ 절토사면, ☐ 굴착사면, ☐ 성토사면, ☐ 지반, ☐ 암사면, ☐ 터널 막장면, ☐ 벽돌, ☐ 기타( )
	☐ 부재	☐ PSC빔, ☐ 개구부, ☐ 거더, ☐ 교각 기초, ☐ 기성말뚝, ☐ 배관, ☐ 벽체, ☐ 슬래브, ☐ 슬레이트, ☐ 철골부재, ☐ 트러스, ☐ 기타( )
	☐ 질병	☐ 질병, ☐ 기타( )
	☐ 기타	☐ 지하매설물, ☐ 차량, ☐ 건설폐기물, ☐ 전주, ☐ 전선, ☐ 작업대차, ☐ 비산물, ☐ 유증기, ☐ 기타( )
인적피해	☐ 사망	• 성　　별(☐ 남(명), ☐ 여(명)) • 내외국인(☐ 내(명), ☐ 외(명)) • 총 사망자수(명)
	☐ 부상	• 성　　별(☐ 남(명), ☐ 여(명)) • 내외국인(☐ 내(명), ☐ 외(명)) • 총 부상자수(명)
인적사고종류	☐ 넘어짐	☐ 물체에 걸림, ☐ 미끄러짐, ☐ 기타( )
	☐ 떨어짐	☐ 2m 미만, ☐ 2~3m, ☐ 3~5m, ☐ 6~10m, ☐ 10m 이상
	☐ 감전	감전
	☐ 교통사고	교통사고
	☐ 깔림	깔림
	☐ 끼임	끼임
	☐ 물체에 맞음	물체에 맞음
	☐ 부딪힘	부딪힘
	☐ 절단, ☐ 베임	☐ 절단, ☐ 베임
	☐ 질병	질병
	☐ 찔림	찔림
	☐ 화상	화상

		☐ 기타	(주관식)
물적피해	구조물 손실	(주요내용 서술)	
	장비손실	(주요내용 서술)	
	피해금액	☐ 1,000만원 미만, ☐ 1,000~2,000만원, ☐ 2,000~5,000만원, ☐ 5,000만원~1억, ☐ 1~2억, ☐ 2~5억, ☐ 5억원 이상	

공사정보

공사명	
현장주소	
지역	☐ 수도권, ☐ 강원권, ☐ 충청권, ☐ 호남권, ☐ 영남권, ☐ 제주권

시공사		책임자/연락처	
감리자		책임자/연락처	
설계자		책임자/연락처	
하도급		책임자/연락처	

인허가기관	
공사 규모	

공사 기간		공정률	

공사금액	☐ 1억 미만, ☐ 1~2억, ☐ 2~3억, ☐ 3~5억, ☐ 5~10억, ☐ 10~20억, ☐ 20~50억, ☐ 50~100억, ☐ 100~150억 ☐ 150~200억, ☐ 200~300억, ☐ 300~500억, ☐ 500~1,000억 ☐ 1,000억 이상
중대재해처벌법 적용 건설공사 여부	☐ 대상, ☐ 비대상 ※ 공사금액 50억원 이상 건설공사장

[붙임4] 조경 현장 – 사고 주원인 유형별 사고원인(주원인)

공종(대분류)	주원인 유형	사고원인(주원인)	
건축	관리적요인	• 작업순서 미흡 • 작업자의 단순과실	• 조작 미숙 • 기타
	시공적요인	• 절단방향 판단 오류	
	재료적요인	• 지지대 연결부 파손, 파손	
	환경적요인	• 작업자의 단순과실	
토목	관리적요인	• 과적운행	
	시공적요인	• 복장, 개인보호구의 부적절한 사용 • 설비, 기계 등의 부적절한 사용 관리	• 작업자의 단순과실 • 작업중 이동 • 조작 미숙
	환경적요인	• 작업자의 단순과실	• 기타
기타	관리적요인	• 고소작업대 설치 미흡 • 부주의	• 작업자의 단순과실
	시공적요인	• 과하중 • 부주의 • 작업자의 단순과실	• 장비운용 미흡 • 조작 미숙
	환경적요인	• 부주의 • 작업자의 단순과실	• 기타

2안 : 건설사고 초기현장조사 체크리스트 표준안

건설사고 초기현장조사 체크리스트 표준안

기본현황

사고명		사고일시	
사고장소		작성일시	
		작성자	
사고경위	(주요내용 기술)		

사고정보

사고 원인	(주요내용 기술)			
시설물 분류	(붙임1. 사고정보 작성 가이드 - 시설물 분류)		공종	(붙임1. 사고정보 작성 가이드 - 공종 분류)
사고객체	(붙임1. 사고정보 작성 가이드 - 사고객체 분류)			
인적사고	피해	☐ 사망 :	☐ 부상 :	
	종류	(붙임1. 사고정보 작성 가이드 - 사고유형 분류)		
물적사고	피해	(피해금액 등 주요내용 기술)		
	종류	(붙임1. 사고정보 작성 가이드 - 사고유형 분류)		
법적의무사항 ※ 대상사업장인 경우 보고서 자료 확보	• 안전관리계획 수립 대상 여부(☐ 대상, ☐ 비대상) 　※ 「시설물안전법」 제1종, 제2종시설물의 건설공사 등 • 설계안전성 검토 대상 여부(☐ 대상, ☐ 비대상) 　※ 안전관리계획을 수립해야 하는 건설공사			

공사정보

공사명		현장	지역	
			주소	
공사 규모		공사 기간		
공사금액		공정률		
시공사	(위 대표/책임자연락처 기술)	감리자	(위 대표/책임 감리자의 기술)	
설계자	(위 대표/책임자연락처 기술)	하도급	(위 대표/책임 감리자의 기술)	
인허가기관				
중대재해처벌법 적용 건설공사 여부	☐ 대상, ☐ 비대상 ※ 공사금액 50억원 이상 건설공사장			

[붙임 1] 사고정보 작성 가이드

□ 사고유형 분류

대분류	중분류
인적사고	- 떨어짐, 넘어짐, 물체에 맞음, 깔림, 끼임, 절단·베임, 감전, 교통사고, 질병, 찔림, 질식, 화상, 부딪힘, 익사, 온열질환
물적사고	- 붕괴, 전도, 낙하, 충돌, 화재, 폭발, 탈락, 파열·파단

□ 시설물 분류

대분류	중분류	소분류
건축	건축물	- 단독주택, 공동주택, 근린생활시설, 문화 및 집회시설, 종교시설, 판매시설, 운수시설, 의료시설, 교육연구시설, 노유자시설, 수련시설, 운동시설, 업무시설, 숙박시설, 위락시설, 공장, 창고시설, 위험물 저장 및 처리시설, 자동차 관련시설, 동물 및 식물 관련시설, 교정 및 군사시설, 방송통신시설, 묘지관련시설, 관광 휴게시설, 장례시설, 야영장시설, 지하도상가, 기타
토목	도로	- 도로
	교량	- 도로교량, 철도교량, 복개구조물
	터널	- 토로터널, 철도터널, 지하차도
	항만	- 갑문, 방파제, 파제제, 호안, 계류시설
	댐	- 다목적댐, 발전용댐, 홍수전용댐, 용수전용댐,
	하천	- 하구둑, 방조제, 수문/통문, 제방(통관/호안), 보, 배수펌프장, 관개수로
	상하수도	- 상수도, 하수도
	옹벽 및 절토사면	- 옹벽, 절토사면
	공동구	- 공동구
	기타	- 부지조성, 간척매립
	철도	- 일반 및 고속철도, 지하철
산업 환경 설비	산업생산 시설	- 제철공장, 석유화학공장
	환경시설	- 소각장, 수처리설비시설, 환경오염방지시설, 하수처리시설, 공공폐수처리시설, 중수도/하폐수처리수 재이용시설
	발전시설	- 발전시설
조경	수목원	- 수목권
	공원	- 공원
	숲	- 숲
	생태공원	- 생태공원
	정원	- 정원

□ 공종 분류

대분류	중분류
토목	- 가설공사, 지반공사 해체 및 철거공사, 지방개량공사, 토공사, 말뚝공사, 철근콘크리트공사, 프리캐스트공사, 관공사, 관공사 부대공사, 강구조물공사, 교량공사, 도로 및 포장공사, 철골 및 궤도공사, 터널공사, 하천공사, 항만공사, 댐 및 제방공사
건축	- 가설공사, 지반공사, 해체 및 철거공사, 건축 토공사, 지정공사, 철근콘크리트공사, 철골공사, 조적공사, 미장공사, 방수 공사, 목공사, 금속공사, 지붕 및 홈통공사, 창호 및 유리공사, 타일 및 돌공사, 도장공사, 수장공사, 특수건축물공사, 건축물 부대공사
기계설비	- 가설공사, 지반공사, 해체 및 철거공사, 기계설비공사
전기설비공사	- 가설공사, 지반공사, 해체 및 철거공사, 전기설비공사
통신설비공사	- 가설공사, 지반공사, 해체 및 철거공사, 통신설비공사
산업설비공사	- 가설공사, 지반공사, 해체 및 철거공사, 산업설비공사

□ 사고객체 분류

대분류	중분류
가시설	- 거푸집, 흙막이가시설, 비계, 강관동바리, 작업발판, 시스템동바리, 낙하물 방지망, RCS발판, 가물막이, 가설도로, 띠장, 방호선반, 버팀대, 버팀보, 목공판, 엄지말뚝, 지주가설대, 지지대, 지하벽체, 케이슨, 안전시설물, 가설계단, 가시설, 특수거푸집(갱폼 등), 가새, 벽이음, 브라켓, 수평연결재, 안전핀, 잭서포트, 전도방지재, 클라이밍콘
건설기계	- 타워크레인, 덤프트럭, 지게차, 천공기, 어스오거, 불도저, 굴착기, 로더, 스크레이퍼, 모터 그레이더, 롤러, 노상안정기, 콘크리트 뱃칭플랜트, 콘크리트 피니셔, 콘크리트 살포기, 콘크리트 믹서트럭, 아스팔트 믹싱 플랜트, 아스팔트 피니셔, 아스팔트 살포기, 골재살포기, 쇄석기, 공기압축기, 자갈 채취기, 준설선, 기중기(이동식크레인 등), 콘크리트 펌프, 항타 및 항발기, 특수건설기계, 고소차(고소작업대 등)
건설자재	- 철근, 데크플레이트, 선라이트, 창호, 천정패널, 철망, 체인블럭, 파형강판, 자재, 덕트, 레인, 볼트, 와이어로프, 파이프서포트, 핀
건설공구	- 사다리, 몰탈혼합기, 공구류
부재	- 슬래브, 철골부재, 거더, 조적벽체, PSC 빔, 교량바닥판, 기성말뚝, 강박스, 교각기초, 교대기초, 개구부, 슬레이트, 트러스, 벽체, 현장타설말뚝, 배관
토사 및 암반	- 터널천단부, 터널막장면, 경사면, 벽돌, 절토사면, 암사면, 성토사면, 굴착사면, 부석, 지반
토사 및 암반	- 터널천단부, 터널막장면, 경사면, 벽돌, 절토사면, 암사면, 성토사면, 굴착사면, 부석, 지반
시설물	- 옹벽, 건물, 석축, 담장, 보강토옹벽, 위험물 저장탱크, 터널 갱구부, 돌담, 방음벽, 주탑
질병	- 질병
기타	- 지하매설물, 차량, 전주/전선, 비산물, 유증기, 건설폐기물, 작업대차

평가의견 조치계획 및 결과

[별지 제8-1호 서식]

평가의견 조치계획

평가위원 확인

☐ 과 제 명 : 건설사고 재해율 저감을 위한 해외 선진사례 조사 및 분석 연구

평가자	평가 의견	평가답변 및 조치계획	비 고
	1. 추진내용 충실도 - 본 과제는 건설사고 재해율 저감을 위한 해외 선진사례 조사 및 분석 연구로 연구목적 및 내용이 연구주제에 맞게 충실하게 수행된 것으로 판단됨	-	
	2. 질적인 기술향상 -	-	
	3. 실용화 의견 및 실용화를 위한 개선·발전 방안에 관한 의견 - 국내외 사고조사 절차·체계 & 교육 사례를 통해 시사점을 도출하였으나, 우리나라 사고조사 체계와의 연계성은 다소 부족 - 건설기술 진흥법 개정안에서 사고조사의 범위를 구체적으로 제시 필요	- 위원님께서 언급하신대로 건설기술 진흥법 개정안에는 관리원이 사고조사를 할 수 있는 법적 근거를 확보하는 것에 중점을 두었습니다. 건설안전특별법안 및 산업안전보건법 내 해당내용을 참고하며 조사내용, 자료요청, 보고사항 등을 수록하였습니다. 사고조사의 구체적인 조사범위는 '사고대응 업무수행 지침'을 검토하여 건설사고 수준별 조사안을 제시하였습니다. 다만, 위원님께서 언급하신 내용이 잘 반영될 수 있도록 추후 보완토록 하겠습니다.	
	4. 종합평가 의견 - 건설사고 조사 운영체계에서 사고조사실 확대 개편(안)을 제시하였으나 본사-지사 간의 역할에 대해 제시 필요(운영체계, 운영방법 등) - 연구수행에 따른 예산의 적정성은 관련자료 부재로 평가 곤란	- 위원님께서 언급하신 내용은 사고조사실 확대 개편(안) 내에 조사·분석·정보관리 업무분화, 현장감시반 신설 등 본사의 관리 및 지원 기능 확대와 건설사고 수준(단계)별 조사설차 개선(안) 내에 본사 및 지사간 사고수준 및 단계에 따른 임무에 대해 제시하였습니다. 다만, 위원님께서 언급하신 내용이 잘 반영될 수 있도록 추후 보완토록 하겠습니다	

※ 비고 : 기반영, 반영, 부분반영, 반영불가

[별지 제8-1호 서식]

평가의견 조치계획

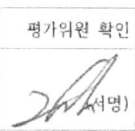
평가위원 확인
(서명)

☐ 과 제 명 : 건설사고 재해율 저감을 위한 해외 선진사례 조사 및 분석 연구

평가자	평가 의견	평가답변 및 조치계획	비고
	1. 추진내용 충실도 - 연구 목적에서 제시한 건설사고 조사체계(안)과 관련하여 해당 연구과제의 기여, 활용방안, 정책적 시사점 등에 대한 추가 검토가 필요함	- 사고원인 정보관리 개선의 일환으로 건설사고 원인 분류체계의 경우 개선된 사항이 건설공사 안전관리 종합정보망 내 반영될 예정입니다. 이는 신고내용의 신뢰성 제고, 건설공사 안전관리 환류 등에 기여하여 수 있을 것으로 판단됩니다. 다만, 위원님께서 언급하신 내용이 잘 반영될 수 있도록 추후 보완토록 하겠습니다.	
	2. 실적인 기술향상 - 사전 연구에 있어 해외 및 타기관 사례를 벤치마킹하게 된 분석 기준, 선정 대상 등에 대한 근거 제시가 필요함	- 우리나라와 건설안전 관련 제도적 유사성이 있으면서 건설사고 대응 및 관리와 관련된 내용을 비교하기 위해 대표적인 국가 및 기관의 사례를 우선적으로 검토하였습니다. 다만, 위원님께서 언급하신 내용이 잘 반영될 수 있도록 추후 보완토록 하겠습니다.	
	3. 실용화 의견 및 실용화를 위한 개선·발전 방안에 관한 의견 - 발표 자료 및 최종보고서에서 제시한 분류체계, 수집 개선방안, 분석 및 환류체계, 교육 및 운영체계 등이에 대한 타당성 검증이 필요	- 사고원인 분류의 경우 주무부처, 실무부서, 연구진 등 검토를 통해 기존 507개의 사고원인 정보를 대분류~소분류 체계로 개선하였으며, 이에 대한 타당성 검증은 향후 CSI 상 사고신고 내용에 미기입, 기타 등 누락되는 데이터의 감소 경향을 살펴봐야 할 것 같습니다. 또한 건설사고 수준(단계)별 조사(안)의 경우 21년 한 해 CSI에 등록된 건설사고 데이터 기반으로 하여 수준별로 건설사고를 정의하였습니다. 다만, 위원님께서 언급하신 내용이 잘 반영될 수 있도록 추후 보완토록 하겠습니다.	
	4. 종합평가 의견 - 전체적으로 연구주제, 주요 내용 및 연구성과가 적절히 정리되어, 건설사고 저감을 위한 방안으로 활용될 가치가 높음	-	

※ 비고 : 기반영, 반영, 부분반영, 반영불가.

[별지 제8-1호 서식]

평가의견 조치계획

평가위원 확인
(서명)

☐ 과 제 명 : 건설사고 재해율 저감을 위한 해외 선진사례 조사 및 분석 연구

평가자	평가 의견	평가답변 및 조치계획	비 고
	1. 추진내용 충실도 - 국내 건설사고 저감을 위한 해외 3국에 대한 사례조사 및 분석을 통하여 우리나라 건설사고 조사체계(안) 도출 되었음 - 국내 타기관 사례의 경우 승강기안전공단의 경우에는 승강기 사고조사로 한정된 전문 영역에 대한 사례인 반면에 항공기의 경우는 대단히 그 영역이 넓고 여러 가지 전문분야가 복합적으로 이루어진 분야 임 - 따라서 조사된 두 개 분야의 상이한 조사 및 대응 시스템에 대한 사례분석을 통한 시사점이 본 주제인 건설사고에 어떠한 최적의 시사점을 도출하기에 어려움이 있음	-	
	2. 질적인 기술향상 - 현재 운영되는 건설사고 조사 운영체계에 대한 현황만 정리되어 있을 뿐 어떠한 기술적인 제도적인 문제가 있는지에 대한 기술적 분석 요구됨 - 해외사례 시사점을 보면 사고조사, 사고원인 분류체계 및 사고 조사 보고서에 대한 간단한 기술만되어 있을 뿐 관련 법령에 대한 검토를 함께 했으면 좀더 완성도가 올라 갔을 것으로 사료됨	- 당초 사고조사 운영에 대한 국내외 사례를 조사하여 현행 건설사고 조사체계 개선(안) 내에 사고조사 운영에 대한 전반적으로 개선할 수 있는 부분들을 제시해보고자 하였습니다. 다만, 위원님께서 언급하신 기술적 분석 등에 대해서 추후 연구 수행 시 반영할 수 있도록 고려하겠습니다	

3. 실용화 의견 및 실용화를 위한 개선 발전 방안에 관한 의견 - 본 연구에서 수행된 해외 사례가 영국, 일본, 싱가포르 3개국에 한정한 사유와 건설산업 안전지표 상위국가인 북유럽 국가에 대한 검토가 없었던 것이 아쉬움 - OECD 주요국의 전체 산업과 건설산업 근로자의 사고사망자 수 차이, GDP 100억 달러당 사고사망자 수 등에 따른 통계 기술적인 방법을 통하여 분석 대상 국가를 선정 했으면 하는 아쉬움이 있음 - 건설사고 사망재해 관련 통계나 지표를 과거대비 변화, 즉 개선도 측면에서 비교한 자료를 바탕으로 분석 되었으면 함	- 우리나라와 건설안전 관련 제도적 유사성이 있으면서 건설사고 대응 및 관리와 관련된 내용을 비교하기 위해 대표적인 국가의 사례를 우선적으로 검토하였습니다. - 또한 건설사고와 관련된 여러나라의 통계적 자료는 선행연구된 자료가 많습니다. 다만, 본 연구에서 중점적으로 논의하고자 했던 것은 건설사고 저감을 위해 필요한 것들 중 현행 사고조사 체계의 적정성을 검토하고 사고원인 분류, 사고신고 정보, 조사체계 등에 대해 해외 및 타분야 사례를 참고하여 개선안을 제시하는 것이었습니다. 추후 건설사고 사망재해와 관련된 연구 수행 시 위원님께서 언급하신 부분에 대해 반영할 수 있도록 고려하겠습니다.	
4. 종합평가 의견 - 당초 기획이 '건설사고 재해율 저감'을 목표로 하였으나 실제 추진내용을 살펴보면 건설사고 조사체계(안) 마련과 조사 운영 체계 개선(안) 도출에 머물러 있음 - 새롭게 구축된 건설사고 조사와 운영 체계를 통하여 어떻게 건설현장의 재해율 저감에 기여할 것인지에 대한 방법론 및 자세한 대안까지 제시되어야 할 것임 - 향후에는 국내 국립과학수사연구원이나 미국 CSI 등의 선진 조사 기법 및 시스템에 대한 연구를 통하여 보다 선진화된 포렌식 사고 조사 조직 및 시스템을 갖출 수 있을 것으로 판단됨	- 사고원인 정보관리 개선의 일환으로 건설사고 원인분류체계의 경우 개선된 사항이 건설공사 안전관리 종합정보망 내 반영될 예정입니다. 이는 신고내용의 신뢰성 제고, 건설공사 안전관리 환류 등에 기여할 수 있을 것으로 판단됩니다. 현재 사례분석 및 개괄적인 접근을 통한 초기 단계의 연구수행이기 때문에 향후 연구 수행 시 실질적이고 발전적인 방향으로 도출될 수 있도록 노력하겠습니다. 또한 위원님께서 언급하신대로 건설사고 조사에도 선진화된 조사 기법 및 시스템을 갖출 수 있도록 연구 지원이 필요할 것으로 생각됩니다.	

※ 비고 : 기반영, 반영, 부분반영, 반영불가

[별지 제8-1호 서식]

평가의견 조치계획

평가위원 확인

□ 과 제 명 : 건설사고 재해율 저감을 위한 해외 선진사례 조사 및 분석 연구

평가자	평가 의견	평가답변 및 조치계획	비 고
	1. 추진내용 충실도 건설사고 발생 시 사고 조사체계를 개선하여 건설사고 재해율을 저감하고자 수행한 연구과제로 현행 조사체계 현황분석, 해외 선진국 및 국내 타 분야 타 기관 건설사고 실태파악 및 사례 조사 분석 및 시사점을 도출하여 건설사고 원인분류체계, 정보수집 및 절차 개선안, 건설사고 정보분석 및 환류체계 개선안, 건설사고 조사 운영 및 교육체계 개선안, 법 제도 개선방안을 마련하고자 하는 연구 추진내용은 충실히 수행됨 2. 질적인 기술향상 영국, 일본, 싱가포르 등 해외 선진국 및 국내 타 분야 기관 건설사고 사례조사 및 분석을 통하여 현행 건설사고 수사체계의 문제점을 보완한 사고 조사체계 개선안을 도출한 본 연구 결과는 궁극적으로 향후 유사사고 발생을 예방하기 위한 재발방지대책 마련과 관련 법 제도를 마련하여 건설사고 재해율을 저감하고자 하는 건설사고 조사체계에 대한 질적 기술 수준을 향상 시킬수 있을 것으로 판단함		
	3. 실용화 외견 및 실용화를 위한 개선 발전 방안에 관한 의견 - 본 연구는 건설사고 발생 시 사고원인 분류체계 개선, 정보수집 및 절차 개선, 건설사고 정보 분석 및 원류체계 개선, 건설사고 조사 운영 및 교육체계 개선, 법 제도 개선방안을 마련한 국토안전관리원 건설사고 조사체계 개선안을 도출한 연구로 지속적인 연구가 진행 되어야 함 - 건설사고 사고 조사체계 개선뿐만 아니라 건설사고 사고조사보고서 내용도 건설사고를 사전에 예방하여 궁극적으로 건설사고 재해율 저감을 위해 개선할 부분이 없는지 지속적인 보완연구를 권장함 - 시설물 사고 및 지하사고에 대한 사고 조사체계 개선(안)에 대한 체계적인 연구도 설상함 - 초기 조사인원 2인1조가 적정한지 검토	- 위원님께서 언급하신 내용을 바탕으로 지속적인 보완연구가 진행될 수 있도록 고려하겠습니다. - 초기 조사인원 적정성의 경우 현행 초기 현장조사 업무범위를 고려했을 때 적정한 것으로 판단되나 관련 법률 지침 개정, 인력운영 변화, 조사 내용 고도화 등 향후 인력조정 필요 시 검토가 필요할 것으로 판단됩니다.	

4. 종합평가 의견 국토안전관리원의 주요업무인 건설사고 발생 시 현행 사고조사체계의 문제점을 분석하여 건설사고 조사체계 개선안을 도출한 적절한 연구임	-	

※ 비고 : 기반영, 반영, 부분반영, 반영불가.

[별지 제8-1호 서식]

평가의견 조치계획

평가위원 확인

□ 과 제 명 : 건설사고 재해율 저감을 위한 해외 선진사례 조사 및 분석 연구

평가자	평가 의견	평가답변 및 조치계획	비고
	1. 추진내용 충실도 - 충실히 수행됨	-	
	2. 질적인 기술향상 - 연구 결과를 바탕으로 건설사고 조사 체계(안), 교육 프로그램(안), 법제도 개선방안이 제시됨	-	
	3. 실용화 의견 및 실용화를 위한 개선 발전 방안에 관한 의견 - 향후 건설종사자에 대한 심화인터뷰, 설문조사를 이용한 실태조사를 통해 건설종사자의 안전인식 개선과 같은 안전문화 확산 방안이 같이 제시된다면 연구결과의 실용화에 도움이 될 것 같음	- 인터뷰, 설문조사 등 건설종사자에 대한 의견수렴과 관련 금해 실시한 타 연구 결과를 참고하여 안전문화 확산 방안을 제시할 수 있도록 노력하겠습니다.	
	4. 종합평가 의견 - 연구가 충실히 수행되고 실용적인 연구로 판단됨	-	

※ 비고 : 기반영, 반영, 부분반영, 반영불가.

[별지 제8-2호 서식] <신설 2021. 12. 29.>

평가의견 조치결과

평가위원 확인

□ 과제명 : 건설사고 재해율 저감을 위한 해외 선진사례 조사 및 분석 연구

평가자	평가 의견	조치결과 내용 요약	반영 여부	증빙
	1. 추진내용 충실도 - 본 과제는 건설사고 재해율 저감을 위한 해외 선진사례 조사 및 분석 연구로 연구목적 및 내용이 연구주제에 맞게 충실하게 수행된 것으로 판단됨	-	-	-
	2. 질적인 기술향상 -	-	-	-
	3. 실용화 의견 및 실용화를 위한 개선 발전 방안에 관한 의견 - 국내외 사고조사 절차·체계 & 교육 사례를 통해 시사점을 도출하였으나, 우리나라 사고조사 체계와의 연계성은 다소 부족 - 건설기술 진흥법 개정안에서 사고조사의 범위를 구체적으로 제시 필요	- 위원님께서 언급하신대로 건설기술 진흥법 개정안에는 관리원이 사고조사를 할 수 있는 법적 근거를 확보하는 것에 중점을 두었습니다. 건설안전특별법안 및 산업안전보건법 내 해당내용을 참고하여 조사내용, 자료요청, 보고사항 등을 수록하였습니다. 사고조사의 구체적인 조사범위는 '사고대응 업무수행 지침'을 검토하여 건설사고 수준별 조사안을 제시하였습니다. 다만, 위원님께서 언급하신 내용이 잘 반영될 수 있도록 추후 보완토록 하겠습니다.	반영	-
	4. 종합평가 의견 - 건설사고 조사 운영체계에서 사고조사실 확대 개편(안)을 제시하였으나 본사-지사 간의 역할에 대해 제시 필요 (운영체계, 운영방법 등) - 연구수행에 따른 예산의 적정성은 관련자료 부재로 평가 곤란	- 위원님께서 언급하신 내용은 사고조사실 확대 개편(안) 내에 조사·분석·정보관리 업무분화, 현장감식반 신설 등 본사의 관리 및 지원 기능 확대와 건설사고 수준(단계)별 조사절차 개선(안) 내에 본사 및 지사간 사고수준 및 단계에 따른 임무에 대해 제시하였습니다. 다만, 위원님께서 언급하신 내용이 잘 반영될 수 있도록 추후 보완토록 하겠습니다.	반영	-

※ 반영여부 : 기반영, 반영, 부분반영, 반영불가

[별지 제8-2호 서식] <신설 2021. 12. 29.>

평가의견 조치결과

평가위원 확인 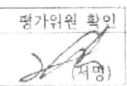 (서명)

□ 과 제 명 : 건설사고 재해율 저감을 위한 해외 선진사례 조사 및 분석 연구

평가자	평가 의견	조치결과 내용 요약	반영 여부	증빙
	1. 추진내용 충실도 - 연구 목적에서 제시한 건설사고 조사체계(안)과 관련하여 해당 연구과제의 기여, 활용방안, 정책적 시사점 등에 대한 추가 검토가 필요함	- 사고원인 정보관리 개선의 일환으로 건설사고 원인분류체계의 경우 개선된 사항이 건설공사 안전관리 종합정보망 내 반영될 예정입니다. 이는 신고내용의 신뢰성 제고, 건설공사 안전관리 환류 등에 기여하여 수 있을 것으로 판단됩니다. 다만, 위원님께서 언급하신 내용이 잘 반영될 수 있도록 추후 보완토록 하겠습니다.	반영	-
	2. 질적인 기술향상 - 사전 연구에 있어 해외 및 타기관 사례를 벤치마킹하게 된 분석 기준, 선정 대상 등에 대한 근거 제시가 필요함	- 우리나라와 건설안전 관련 제도적 유사성이 있으면서 건설사고 대응 및 관리와 관련된 내용을 비교하기 위해 대표적인 국가 및 기관의 사례를 우선적으로 검토하였습니다. 다만, 위원님께서 언급하신 내용이 잘 반영될 수 있도록 추후 보완토록 하겠습니다.	반영	-
	3. 실용화 의견 및 실용화를 위한 개선·발전 방안에 관한 의견 - 발표 자료 및 최종보고서에서 제시한 분류체계, 수집 개선방안, 분석 및 환류체계, 교육 및 운영체계 등 이에 대한 타당성 검증이 필요	- 사고원인 분류의 경우 주무부처, 실무부서, 연구진등 검토를 통해 기존 507개의 사고원인 정보를 대분류~소분류 체계로 개선하였으며, 이에 대한 타당성 검증은 향후 CSI 상 사고신고 내용에 미기입, 기타 등 누락되는 데이터의 감소 경향을 살펴봐야 할 것 같습니다. 또한 건설사고 수준(단계)별 조사(안)의 경우 21년 한 해 CSI에 등록된 건설사고 데이터 기반으로 하여 수준별로 건설사고를 정의하였습니다. 다만, 위원님께서 언급하신 내용이 잘 반영될 수 있도록 추후 보완토록 하겠습니다.	반영	-
	4. 종합평가 의견 - 전체적으로 연구주제, 주요 내용 및 연구성과가 적절히 정리되어, 건설사고 저감을 위한 방안으로 활용 될 가치가 높음	-	-	-

※ 반영여부 : 기반영, 반영, 부분반영, 반영불가

[별지 제8-2호 서식] <신설 2021. 12. 29.>

평가의견 조치결과

평가위원 확인: (서명)

☐ 과 제 명 : 건설사고 재해율 저감을 위한 해외 선진사례 조사 및 분석 연구

평가자	평가 의견	조치결과 내용 요약	반영 여부	증빙
	1. 추진내용 충실도 - 국내 건설사고 저감을 위한 해외 3국에 대한 사례조사 및 분석을 통하여 우리나라 건설사고 조사체계(안) 도출 되었음 - 국내 타기관 사례의 경우 승강기안전공단의 경우에는 승강기 사고조사로 한정된 전문 영역에 대한 사례인 반면에 항공기의 경우는 대단히 그 영역이 넓고 여러 가지 전문분야가 복합적으로 이루어진 분야 임 - 따라서 조사된 두 개 분야의 상이한 조사 및 대응 시스템에 대한 사례분석을 통한 시사점이 본 주제인 건설사고에 어떠한 최적의 시사점을 도출하기에 어려움이 있음	-	-	-
	2. 질적인 기술향상 - 현재 운영되는 건설사고 조사 운영체계에 대한 현황만 정리되어 있을 뿐 어떠한 기술적인 제도적인 문제가 있는지에 대한 기술적 분석 요구됨 - 해외사례 시사점을 보면 사고조사, 사고원인 분류 체계 및 사고 조사 보고서에 대한 간단한 기술만되어 있을 뿐 관련 법령에 대한 검토를 함께 했으면 좀더 완성도가 올라 갔을 것으로 사료됨	- 당초 사고조사 운영에 대한 국내외 사례를 조사하여 현행 건설사고 조사체계 개선(안) 내에 사고조사 운영에 대한 전반적으로 개선할 수 있는 부분들을 제시해보고자 하였습니다. 다만, 위원님께서 언급하신 기술적 분석 등에 대해서 추후 연구 수행 시 반영할 수 있도록 고려하겠습니다.	반영	-
	3. 실용화 의견 및 실용화를	- 우리나라와 건설안전 관련 제도적 유	반영	-

	위한 개선 발전 방안에 관한 의견 - 본 연구에서 수행된 해외 사례가 영국, 일본, 싱가포르 3개국에 한정한 사유와 건설산업 안전지표 상위국가인 북유럽 국가에 대한 검토가 없었던 것이 아쉬움 - OECD 주요국의 전체 산업과 건설산업 근로자의 사고사망자 수 차이, GDP 100억 달러당 사고사망자 수 등에 따른 통계 기술적인 방법을 통하여 분석 대상 국가를 선정 했으면 하는 아쉬움이 있음 - 건설사고 사망재해 관련 통계나 지표를 과거대비 변화, 즉 개선도 측면에서 비교한 자료를 바탕으로 분석되었으면 함	사성이 있으면서 건설사고 대응 및 관리와 관련된 내용을 비교하기 위해 대표적인 국가의 사례를 우선적으로 검토하였습니다. - 또한 건설사고와 관련된 여러나라의 통계적 자료는 선행연구된 자료가 많습니다. 다만, 본 연구에서 중점적으로 논의하고자 했던 것은 건설사고 저감을 위해 필요한 것들 중 현행 사고조사 체계의 적정성을 검토하고 사고원인 분류, 사고신고 정보, 조사체계 등에 대해 해외 및 타 분야 사례를 참고하여 개선안을 제시하는 것이었습니다. 추후 건설사고 사망재해와 관련된 연구 수행 시 위원님께서 언급하신 부분에 대해 반영할 수 있도록 고려하겠습니다.		
	4. 종합평가 의견 - 당초 기획이 '건설사고 재해율 저감'을 목표로 하였으나 실제 추진내용을 살펴보면 건설사고 조사체계(안) 마련과 조사 운영 체계 개선(안) 도출에 머물러 있음 - 새롭게 구축된 건설사고 조사와 운영 체계를 통하여 어떻게 건설현장의 재해율 저감에 기여할 것인지에 대한 방법론 및 자세한 대안까지 제시되어야 할 것임 - 향후에는 국내 국립과학수사연구원이나 미국 CSI 등의 선진 조사 기법 및 시스템에 대한 연구를 통하여 보다 선진화된 포렌식 사고조사 조직 및 시스템을 갖출 수 있을 것으로 판단됨	- 사고원인 정보관리 개선의 일환으로 건설사고 원인분류체계의 경우 개선된 사항이 건설공사 안전관리 종합정보망 내 반영될 예정입니다. 이는 신고내용의 신뢰성 제고, 건설공사 안전관리 환류 등에 기여하여 수 있을 것으로 판단됩니다. 현재 사례분석 및 개괄적인 접근을 통한 초기 단계의 연구수행이기 때문에 향후 연구 수행 시 실질적이고 발전적인 방향으로 도출될 수 있도록 노력하겠습니다. 또한 위원님께서 언급하신대로 건설사고 조사에도 선진화된 조사 기법 및 시스템을 갖출 수 있도록 연구 지원이 필요할 것으로 생각됩니다.	반영	-

※ 반영여부 : 기반영, 반영, 부분반영, 반영불가

[별지 제8-2호 서식] <신설 2021. 12. 29.>

평가의견 조치결과

평가위원 확인 [서명]

□ 과 제 명 : 건설사고 재해율 저감을 위한 해외 선진사례 조사 및 분석 연구

평가자	평가 의견	조치결과 내용 요약	반영 여부	증빙
	1. 추진내용 충실도 - 건설사고 발생 시 사고 조사체계를 개선하여 건설사고 재해율을 저감하고자 수행한 연구과제로, 현행 조사체계 현황 분석, 해외 선진국 및 국내 타 분야 타기관 건설사고 실태파악 및 사례 조사 분석 및 시사점을 도출하여 건설사고 원인분류체계, 정보수집 및 절차 개선안, 건설사고 정보분석 및 환류체계 개선안, 건설사고 조사 운영 및 교육체계 개선안, 법제도 개선방안을 마련하고자 하는 연구 추진내용은 충실히 수행됨		-	-
	2. 질적인 기술향상 - 영국, 일본, 싱가포르 등 해외 선진국 및 국내 타 분야 기관 건설사고 사례조사 및 분석을 통하여 현행 건설사고 조사체계의 문제점을 보완한 사고 조사체계 개선안을 도출한 본 연구 결과는 궁극적으로 향후 유사사고 발생을 예방하기 위한 재발방지대책 마련과 관련 법 제도를 마련하여 건설사고 재해율을 저감하고자 하는 건설사고 조사체계에 대한 질적 기술 수준을 향상 시킬수 있을 것으로 판단함		-	-
	3. 실용화 의견 및 실용화를 위한 개선 발전 방안에 관한 의견 - 본 연구는 건설사고 발생 시 사고원인 분류체계 개	- 위원님께서 언급하신 내용을 바탕으로 지속적인 보완연구가 진행될 수 있도록 고려하겠습니다. - 초기 조사인력 적정성의 경우 현행 초	반영	-

	선, 정보수집 및 절차 개선, 건설사고 정보 분석 및 환류체계 개선, 건설사고 조사 운영 및 교육체계 개선 법 제도 개선방안을 마련한 국토안전관리원 건설사고 조사체계 개선안을 도출한 연구로 지속적인 연구가 진행 되어야 함 - 건설사고 사고 조사체계 개선뿐만 아니라 건설사고 사고조사보고서 내용도 건설사고를 사전에 예방하여 궁극적으로 건설사고 재해를 저감을 위해 개선할 부분이 없는지 지속적인 후 안연구를 권장함 - 시설물 사고 및 지하사고에 대한 사고 조사체계 개선(안)에 대한 체계적인 연구도 권장함 - 초기 조사인원 2명1조가 적정한지 검토	기현장조사 업무범위를 고려했을 때 적절한 것으로 판단되니 관련 법률 지침 개정, 조직 인력운영 변화, 조사내용 고도화 등 향후 인력조정 필요 시 검토가 필요할 것으로 판단됩니다.	
	4 종합평가 의견 - 국토안전관리원의 주요업무인 건설사고 발생 시 현행 사고 조사체계의 문제점을 분석하여 건설사고 조사체계 개선안을 도출한 적절한 연구임		

※ 반영여부 : 기반영, 반영, 부분반영, 반영불가

[별지 제8-2호 서식] <신설 2021. 12. 29.>

평가의견 조치결과

평가위원 확인
(서명)

☐ 과 제 명 : 건설사고 재해율 저감을 위한 해외 선진사례 조사 및 분석 연구

평가자	평가 의견	조치결과 내용 요약	반영 여부	증빙
	1. 추진내용 충실도 - 충실히 수행됨	-	-	-
	2. 질적인 기술향상 - 연구 결과를 바탕으로 건설사고 조사 체계(안), 교육 프로그램(안), 법제도 개선방안이 제시됨	-	-	-
	3. 실용화 의견 및 실용화를 위한 개선 발전 방안에 관한 의견 - 향후 건설종사자에 대한 심화인터뷰, 설문조사를 이용한 실태조사를 통해 건설종사자의 안전인식 개선과 같은 안전문화 확산 방안이 같이 제시된다면 연구결과의 실용화에 도움이 될 것 같음	- 인터뷰, 설문조사 등 건설종사자에 대한 의견수렴과 관련 금해 실시한 타 연구결과를 참고하여 안전문화 확산 방안을 제시할 수 있도록 노력하겠습니다.	반영	-
	4. 종합평가 의견 - 연구가 충실히 수행되고 실용적인 연구로 판단됨	-	-	-

※ 반영여부 : 기반영, 반영, 부분반영, 반영불가

참 여 연 구 진

참여구분	소 속	직 위	성 명
연 구 총 괄	안전성능연구소	소장	김동희
연 구 관 리	정책연구실	실장	이정석
연 구 책임자	정책연구실	과장	윤태강
참 여 연구원	정책연구실	직원	고다상
공 동 연 구 연구 책임자	(주)어스	대표이사	심우배
참 여 연구원	(주)어스	이사	이성현
참 여 연구원	(주)어스	이사	이찬희
참 여 연구원	(주)어스	이사	박선희
참 여 연구원	(주)어스	부장	권태영
참 여 연구원	(주)어스	차장	김보람
참 여 연구원	(주)어스	과장	임준혁
참 여 연구원	(주)어스	과장	조현재
참 여 연구원	(주)어스	과장	서진혁
참 여 연구원	(주)어스	사원	심유정

건설사고 재해율 저감을 위한 해외 선진사례 조사 및 분석 연구

초판 인쇄 2023년 02월 24일
초판 발행 2023년 03월 02일

저　자 국토안전관리원
발행인 김갑용

발행처 진한엠앤비
주소 서울시 서대문구 독립문로 14길 66 205호(냉천동 260)
전화 02) 364 - 8491(대) / 팩스 02) 319 - 3537
홈페이지주소 http://www.jinhanbook.co.kr
등록번호 제25100-2016-000019호 (등록일자 : 1993년 05월 25일)
ⓒ2023 jinhan M&B INC, Printed in Korea

ISBN 979-11-290-4594-2 (93540)　　　[정가 22,000원]

☞ 이 책에 담긴 내용의 무단 전재 및 복제 행위를 금합니다.
☞ 잘못 만들어진 책자는 구입처에서 교환해 드립니다.
☞ 본 도서는 [공공데이터 제공 및 이용 활성화에 관한 법률]을 근거로 출판되었습니다.